数据驱动的环境政策分析方法及应用

杜慧滨　林忠国　彭彬彬　冯　彤　著

科学出版社

北京

内 容 简 介

　　本书是作者在环境经济与管理多学科交叉研究与教学基础上完成的。针对生态环境数据量大、来源分散、格式多样的特点,本书提出数据驱动的环境政策评估方法体系。该套方法体系综合运用比较研究、扎根理论、机器学习、社会网络分析和准实验设计等方法,对典型环境政策效果进行定性和定量相结合的评估。本书以大气污染防控政策为例,系统阐述该套方法体系在政策发展现状分析、特征识别、环境质量改善效果评估、环境-健康-经济综合效益分析及区域间协同效益分析方面的应用,并根据评估结果提出大气污染联防联控政策在产业转移、能源优化、信息共享和资金补偿等方面存在的问题,为大气污染治理体系的完善提供切实可行的政策建议。本书提出的方法体系具有普适性和可推广性,能够广泛应用到水污染防治、土壤污染防治等领域的政策评估。全书结构合理、逻辑严谨、层次清晰、文字表达深入浅出。

　　本书可供政府部门制定环境政策时参考,也适用于研究生环境管理等专业相关课程的教学,还可为研究人员提供环境政策评估的方法论和方法体系。

图书在版编目(CIP)数据

数据驱动的环境政策分析方法及应用/杜慧滨等著. —北京:科学出版社,2023.5

　　ISBN 978-7-03-074809-6

　　Ⅰ. ①数… Ⅱ. ①杜… Ⅲ. ①环境政策-研究 Ⅳ. ①X-01

中国版本图书馆 CIP 数据核字(2023)第 020928 号

责任编辑:徐 倩/责任校对:王晓茜
责任印制:赵 博/封面设计:有道设计

科学出版社 出版
北京东黄城根北街 16 号
邮政编码:100717
http://www.sciencep.com
三河市春园印刷有限公司印刷
科学出版社发行　各地新华书店经销

*

2023 年 5 月第 一 版　开本:720×1000　1/16
2025 年 3 月第三次印刷　印张:11 3/4
字数:232 000
定价:**132.00 元**
(如有印装质量问题,我社负责调换)

序

　　生态环境是关系到中国共产党的使命宗旨和我国国计民生的重大问题。习近平总书记在二十大报告中指出，深入推进环境污染防治。坚持精准治污、科学治污、依法治污，持续深入打好蓝天、碧水、净土保卫战①。

　　改善生态环境质量、建设生态文明和美丽中国等目标的实现，需要完善的环境治理政策体系，而政策评估对设计和优化有关政策、推进治理体系和治理能力现代化，具有重要的作用。依托作者所主持的国家重点研发计划项目（2018YFC0213600），作者及其团队撰写了《数据驱动的环境政策分析方法及应用》一书。该书构建了一套数据驱动的环境政策分析方法体系，并以大气污染防治政策为例开展了方法体系的实例应用，包括对比其他国家分析我国政策发展中存在的问题、发现政策执行有效性的影响因素、识别政策的演进特征、量化各项政策的环境−健康−经济效益、探索政策的区域间协同效益等，为大气污染防治政策的完善提供了若干可行的建议清单。

　　该书吸收了作者在环境领域的最新研究成果，主要有以下特点。一是提出的环境政策分析方法体系覆盖面广，包括传统的质性研究方法、发展迅速的机器学习方法、日益成熟的"准实验"设计方法等，该套方法体系适用于监测、遥感、文本等生态环境大数据；二是方法具有普适性，可用于大气、水、土壤等典型环境政策及组合的分析，且针对每种方法均配有应用案例，易于理解和应用；三是评估视角有所拓展，除评估传统的环境效益外，还分析了政策所致的健康和经济效益、区域间环境治理的协同效益，有助于全面理解和掌握政策的有效性。总之，该书兼具理论性和应用性，适合作为教学和科研参考用书。

郝吉明

2023 年 4 月

---

① 习近平. 高举中国特色社会主义伟大旗帜 为全面建设社会主义现代化国家而团结奋斗——在中国共产党第二十次全国代表大会上的报告[EB/OL]. https://www.gov.cn/xinwen/2022-10/25/content_5721685.htm，2022-10-25.

前　　言

随着碳达峰、碳中和目标的提出，我国的生态环境治理建设进入新的发展阶段。环境治理需要有效的政策体系提供保障，而环境政策分析对完善政策设计、创新治理模式、推进生态环境治理体系和治理能力现代化具有重要的意义。以往环境政策分析中，由于信息滞后、样本有限、空间颗粒度不够精细等，难以准确、全面反映环境政策的作用效果，阐明环境政策的宏微观作用机制。伴随着大数据时代的到来，监测数据、遥感数据、清单数据及文本/信息数据等为环境政策分析提供了丰富的数据支持。同时，由于大数据的多源异构特性，政策研究也面临更大的复杂性。因此，亟须开展数据驱动的环境政策分析，以解决多源异构数据的整合、处理和分析问题，从而精准、全面量化政策的作用效果和机制。

本书利用监测、文本等多源异构数据，构建了一套数据驱动的环境政策分析方法体系，融合了质性研究、文本挖掘和社会网络分析、准实验设计、协同效益分析等方法，将其应用于大气污染防治中，分析政策的发展历程、有效性的影响因素、演变特征、环境质量改善效果、环境-健康-经济综合效益及协同效益等，为实现"效率兼顾公平"、环境质量改善与经济高质量发展双赢提供建议。

本书共8章，由本人主笔，参加撰写的包括彭彬彬（第1至3章）、林忠国（第4、5章）、冯彤（第6至8章）。本书主要成果依托笔者主持的国家重点研发计划项目（2018YFC0213600）、国家自然科学基金重点项目（71834004）和国家杰出青年科学基金项目（72225013），在此由衷感谢科技部和国家自然科学基金委员会的资金支持；感谢项目跟踪专家中国环境科学研究院柴发合研究员和生态环境部环境规划院王金南院士给予的悉心指导；感谢历次评审会和验收会专家给予的真知灼见；感谢项目所有参与人员对本书的修改和完善提出的意见和建议；同时感谢我的博士研究生李攀妮、张培德，硕士研究生郭雅倩、程琨等在数据处理和分析方面的协助。

由于笔者水平有限，书中不免存在不足之处，恳请各位专家和读者提出宝贵意见。

林楚溪

2023年4月

目　　录

第1章 绪 论

自改革开放以来，中国经济取得了举世瞩目的成就。然而伴随着经济的增长，生态环境问题日益凸显：大气污染、水污染、持久性有机物污染、水土流失、生物多样性遭到破坏等问题已成为制约社会发展和进步的严重问题。生态环境是关系到我党使命宗旨和国计民生的重大问题。党的十八大以来，国家高度重视生态文明。2015 年 9 月 21 日，中共中央、国务院印发的《生态文明体制改革总体方案》明确提出"坚持节约资源和保护环境基本国策"，"立足我国社会主义初级阶段的基本国情和新的阶段性特征，以建设美丽中国为目标，以正确处理人与自然关系为核心，以解决生态环境领域突出问题为导向，保障国家生态安全，改善环境质量，提高资源利用效率，推动形成人与自然和谐发展的现代化建设新格局"。十九届四中全会提出：坚持和完善生态文明制度体系，促进人与自然和谐共生。《关于构建现代环境治理体系的指导意见》则指出，要"构建党委领导、政府主导、企业主体、社会组织和公众共同参与的现代环境治理体系"。

改善环境质量、建设生态文明和美丽中国等目标的实现，依赖于行之有效的制度、政策和保障体系，因而对环境政策进行评估并结合评估结果完善和优化政策体系是实现环境质量持续改善和经济高质量发展的前提。以习近平同志为核心的党中央高度重视科学决策、民主决策，积极推进国家治理体系、治理能力现代化，在制定重大改革方案和重大政策落实督查过程中，重视发挥政策评估的作用（李志军和张毅，2023）。政策评估对完善有关改革方案和政策，提高改革决策和政策的科学性、准确性，发挥了重要作用。党的十九届五中全会审议通过的《中共中央关于制定国民经济和社会发展第十四个五年规划和二〇三五年远景目标的建议》提出，健全重大政策事前评估和事后评价制度。

政策评估按照政策制定、政策执行和政策效果可分为事前评估、事中评估和事后评估三种类型（图 1-1），分别关注政策立项的必要性、合理性和可行性，政策执行情况和政策实施后对社会-环境-经济的效应（尚虎平和刘俊腾，2023）。

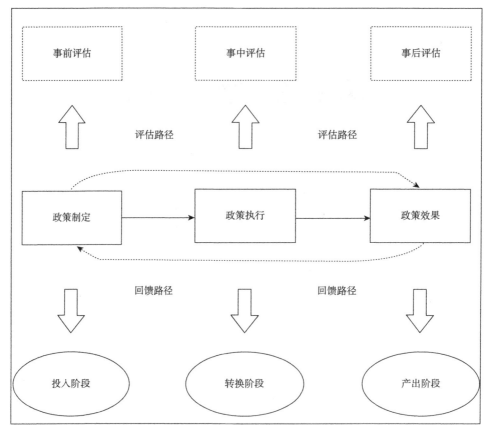

图 1-1　政策评估阶段

资料来源：参考尚虎平和刘俊腾（2023）绘制

1. 事前评估

事前评估针对政策制定而言，能提高政策制定的质量和科学性。现有事前评估研究主要分为两类。

（1）一类以成本-收益评估方法为基准进行经济可行性研究，预测政策实施后产生的经济损失和收益（Morrissey et al.，2013）。环境政策成本效益分析起源于美国，它率先建立了以成本效益为核心的政策评估方法体系，通过事前评估来比较不同方案的优劣，从而确定最优方案，逐渐受到其他国家的推崇。例如，欧盟将成本效益分析、风险分析和成本有效性分析等方法运用到环境政策评估实践中，如《哥德堡议定书》防酸化政策、欧洲清洁空气项目、荷兰地表水管理等环境保护政策（蓝艳等，2017），拓展了事前评估方法的应用领域和适用范围，建立了多方法的评估技术框架。我国学者运用成本效益分析评估了《大气污染防治行动计划》（简称"大气十条"）的公共卫生效益（Zhang et al.，2019）和京津冀地区联合污染防治的成本（Wu et al.，2015）。

（2）另一类是以社会风险评估和利益权衡为基准进行政治可行性研究，社会风险评估注重事前的风险预测与研判，旨在通过源头治理实现社会稳定。例如，朱正威等（2015）利用 CIM（controlled interval and memory，控制区间和记忆）模型对政策制定与执行过程中的潜在风险因素进行识别和测算，进而识别重大公共政策中风险较高的关键因素。环境政策风险评估包括对气候变化影响的后果和可能性分析，对政策措施的正式分析，以及在社会约束下如何解决这些问题。

2. 事中评估

事中评估针对政策执行，能有效诊断政策执行的优劣和成效。目前的研究主要基于实现目标、保证公平、维持可信度及与其他政策的协调等不同应用场景，使用不同的评估标准来评估政策的执行情况，包括一致性标准、绩效标准、公平性原则、可信度及可持续性等标准。由于环境政策的最终目标是改善环境质量，学者将基于一致性的标准（将政策结果与政策目标进行对比）和基于绩效的标准（决策要素在计划实施中的作用）相结合对政策进行评估（Zhong et al.，2020）。随着价值评估日益受到重视，学者在大规模政策干预时充分考虑公平的重要性，以实现政策最终目标。例如，McGuire（2022）将《1990 年清洁空气法修正案》与大气政策制定的公平和弹性问题联系起来，关注环境政策分配效应的重要性。随着大气政策涵盖了越来越多的国家主体，公平原则显得愈加重要。有学者提出了支付能力、平均主义、祖父条款和历史责任四项国际气候政策公平原则的具体公式和指标，将碳交易机制引入综合评估模型，评估并比较基于这四项原则的全球气候政策（宋国君等，2013；Mi et al.，2019）。由于环境政策需要资金支持和物质保障，为帮助分配公共资金和私人投资，进行政策评估时需考虑可信度（Zimmermann and Pye，2018；Olazabal et al.，2019）。在政策执行过程中，环境政策势必会影响其他政策的运行，进而对未来福祉产生影响。有学者聚焦可持续性这一评估指标，提出了一种新的农业可持续性发展评估指标框架，以实现欧盟可持续发展、气候和农业政策间的协调（Tokimatsu et al.，2019；Streimikis and Balezentis，2020）。

3. 事后评估

事后评估针对政策效果，对提高政策系统整体效率具有显著的积极作用。政策效果不仅限于环境质量的改善，还包括对经济发展水平、污染治理成本及政策客体评价的影响。现有研究多使用实验与准实验设计、费效分析对政策效果进行评估，不仅包括环境质量的改善（Blackman，2013；Chapman et al.，2016a），还结合了经济效益和社会贡献（Chapman et al.，2016b）。

随着计算机、互联网和大数据技术的发展，党中央、国务院高度重视大数据在推进生态文明建设中的地位和作用。习近平总书记明确指出，要推进全国生态环境监测数据联网共享，开展生态环境大数据分析。李克强总理强调，要在环保等重点领域引入大数据监管，主动查究违法违规行为①。环境保护部 2016 年 3 月印发的《生态环境大数据建设总体方案》提出，推进环境管理转型，提升生态环境治理能力，为实现生态环境质量总体改善目标提供有力支撑。

生态环境大数据的发展为环境政策评估提供了机遇，其具有的高价值数据解决了以往政策评估中数据缺乏的问题，可以为解决各种生态环境问题提供科学依据。同时生态环境大数据也为环境政策评估带来了挑战。

（1）从数据种类来看，生态环境数据类型多，数据来源渠道广，有来自气象、水利、国土、农业、林业、交通、社会经济等不同部门的各种数据（刘丽香等，2017）。

（2）数据结构类型复杂，除了传统的结构化数据外，各种半结构化和非结构化数据（文本、项目报告、照片、影像、声音、视频等）也日益增多（李欣，2016）。

（3）数据格式多样，且无统一的标准规范，使得不同部门之间的同类数据难以整合。

针对生态环境数据的特点，本书构建了一套数据驱动的环境政策评估方法体系，该套方法体系主要应用于政策的事中和事后评估，重点关注环境政策的现状与过程、环境质量改善效果及成本效益评估，技术路线见图 1-2。

本书剩余章节安排如下。第 2 章以大气污染联防联控政策为例，分析我国环境政策的发展历程，并与国外进行对比研究。第 3 章基于扎根理论对环境政策执行过程中的影响因素进行分析，并根据对京津冀及其周边地区联防联控现状的调研访谈资料，总结与提出环境政策实践中的问题。第 4 章利用机器学习和社会网络分析等方法挖掘环境政策的文本特征，深入分析现有政策中存在的不足和缺失。第 5 章利用准实验设计方法对清洁取暖和环境保护税等典型政策的空气质量改善效果进行评估。第 6 章基于空气质量改善效果的评估，进一步从成本收益角度分析政策的环境-健康-经济综合效益。第 7 章利用空间计量方法评估环境政策的区域协同效益。第 8 章基于现有的评估结果，总结与提出我国大气污染区域联防联控在产业转移、能源优化、联合减排、资金补偿、信息共享等方面的问题和相应的政策建议，并对未来的研究方向进行展望。

① 环境保护部关于印发《生态环境大数据建设总体方案》的通知[EB/OL]. http://www.cac.gov.cn/2016-03/18/c_1118376330.htm，2016-03-18.

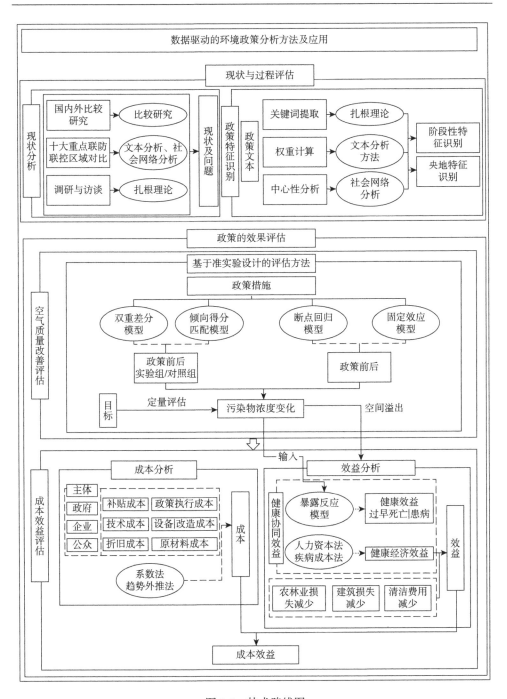

图 1-2 技术路线图

第2章 中国环境政策现状分析及国内外比较研究

环境保护是我国的基本国策,环境政策的制定和执行能够从总体上避免经济快速发展引致的环境状况急剧恶化问题,政策的合理选择与创新是实现可持续发展的重要途径。对环境政策现状进行分析有助于理解我国环境治理全貌,同时进行国内外对比可借鉴国外成功治理经验、反观我国环境治理过程,起到"他山之石可以攻玉"的作用。本章首先介绍在定性分析中常用的比较研究方法,然后以我国大气污染联防联控政策为例,通过纵向和横向的比较,发现我国环境政策在时间维度和截面维度(与其他国家相比)存在的问题,探索我国环境政策的发展阶段和现状,最后总结和提出我国大气污染区域联防联控存在的问题和相应的政策建议。

2.1 比较研究方法简介

比较研究方法是政策评估中常用的一种方法,是指基于一定的标准对两个或两个以上有联系的事物进行比较,通过分类类比、分析综合和归纳演绎,寻找异同,探索普遍规律和特殊规律的一种方法(杨汉清等,2015)。

2.1.1 比较研究的种类

世界各国环境制度、机制和政策之间联系的多样性和复杂性决定了寻找它们之间联系的手段——比较方法也具有多样性。可以从不同角度、层面、范围和对象等对比较研究方法作如下分类(汪太贤,1995)。

1）纵向比较与横向比较

纵向比较，是指比较同一事物在不同时期内的发展变化。纵向比较研究是按时间序列的纵断面展开的，它强调从事物的发展变化过程来探索环境政策发展变化的规律，是以动态观点来研究现状，揭示其历史演化特性，从而厘清其发展的来龙去脉。横向比较，是指对同时存在的环境政策进行比较，因为每一事物都不是孤立存在的，所以必须在相互关系的比较中认识事物的本质。横向比较研究是按空间结构的横断面展开的，强调从事物的相对静止状态中研究事物的异同，分析其原因（王艳荣和黄东民，2011）。对于一个复杂问题的研究，往往要求既要进行纵向比较，又要进行横向比较。

2）宏观比较和微观比较

宏观比较一般从整体着眼，在各个政策或政策体系之间进行比较；微观比较一般以政策或政策的局部为着眼点，在某一特定的政策之间进行比较。宏观比较旨在寻觅两个或两个以上政策或政策体系之间的联系，而微观比较只对不同政策的细部、细节、个体问题进行研究（汪太贤，1995）。

3）定性比较与定量比较

定性比较是通过事物间本质属性的比较来确定事物的性质，定量比较则是对事物属性进行量化分析以判断事物的发展变化。二者相结合，能使被比较的内容更加清晰，比较的结论更加准确（王艳荣和黄东民，2011）。

2.1.2　比较研究的步骤

比较研究主要分为以下几步：第一，确定比较问题，其核心在于确定对比主题、内容和范围；第二，设定比较标准，该标准需要与研究对象相匹配，具有合理性和可操作性；第三，收集相关资料并分析比较不同对象的内在逻辑；第四，得出研究结论。

2.2　环境政策国内外比较研究——以大气污染联防联控为例

区域大气污染问题是典型的环境污染问题。习近平总书记在 2018 年全国生态环境保护大会中特别强调"要以空气质量明显改善为刚性要求,强化联防联控"[①]。"十三五"期间,蓝天保卫战全面发力,从产业结构调整到清洁能源替代,从秋冬季大气污染防控到区域联防联控,全国空气质量明显改善,百姓的获得感不断增强。2021年3月发布的《中华人民共和国国民经济和社会发展第十四个五年规划和2035年远景目标纲要》中提出:坚持源头防治、综合施策,强化多污染物协同控制和区域协同治理。加强城市大气质量达标管理,推进细颗粒物(PM$_{2.5}$)和臭氧(O$_3$)协同控制,地级及以上城市PM$_{2.5}$浓度下降10%,有效遏制O$_3$浓度增长趋势,基本消除重污染天气。

完善大气污染联防联控政策体系建设,是解决污染物跨界传输相互影响问题、打赢污染防治攻坚战、推进生态环境治理体系和治理能力现代化、加快生态文明建设的基础保障。我国大气污染区域联防联控已进入攻坚阶段,厘清现阶段的难点,准确识别当前政策体系存在的问题,借鉴国外成功治理经验,有助于区域联防联控更有效地发挥其作用。本节以大气污染联防联控政策为例,对其发展历程进行分析,并与国外进行比较研究。

2.2.1　我国大气污染联防联控政策发展历程

我国自20世纪50年代开始逐渐意识到大气污染的问题,70年代开始将治理工作纳入政策议程并发展至今,防治对象、治理效果、研究方向、重视程度等都发生了复杂变化,区域大气污染治理经历了从无到有、从单一到复杂的发展过程,逐渐突破行政区划为边界的属地管理模式,形成了纵向由中央牵头实施分级管理,横向上环保部门监管、多部门分工的协作管理体制(李牧耘等,2020)。联防联控政策经历了任务制的应急行动—多污染物控制—综合防治决策体系的转变,总体向着多元主体合作的质量控制演变。考虑到我国大气污染治理过程中对总量控制、浓度控制和质量改善的要求不同,大气污染区域联防联控经历了起步阶段—发展阶段—转型阶段—攻坚阶段四个阶段(图2-1)。

1. 1972～1990年起步阶段:污染点源行政管制的标准初设

1971年我国成立了防治环境污染的"三废"利用领导小组,开始启动大气污染治理工作;1973年国家计划委员会、国家基本建设委员会、卫生部联合颁布了我国第一个环境标准《工业"三废"排放试行标准》,首次将大气污染纳入政策议

---

① 新华社. 习近平出席全国生态环境保护大会并发表重要讲话[EB/OL]. http://www.gov.cn/xinwen/2018-05/19/content_5292116.htm, 2018-05-19.

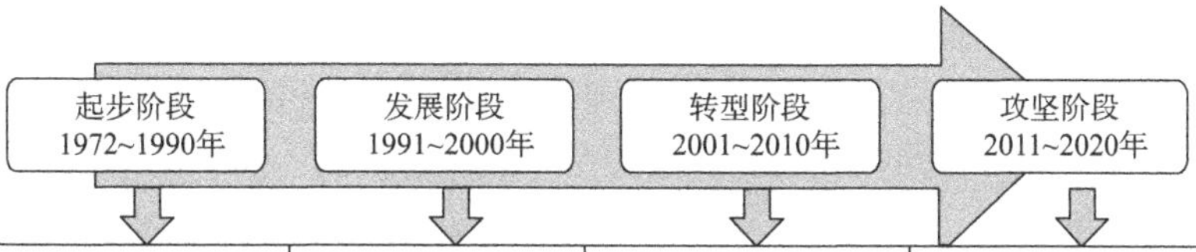

	起步阶段 1972~1990年	发展阶段 1991~2000年	转型阶段 2001~2010年	攻坚阶段 2011~2020年
特点	污染点源行政管制标准初设	排放总量控制和区域联防联控试点	总量浓度双控和联防联控制度规范化	质量改善和区域联防联控制度精细化
治理机构	国务院环境保护领导小组	国家环境保护局地方政府	环境保护部地方政府部门	地方党委、政府、部门责任，网格长制度
防治对象	TSP	SO_2，TSP	SO_2，NO_x，PM_{10}	灰霾，$PM_{2.5}$，PM_{10}，VOCs，O_3
控制重点	工业点源	燃煤锅炉、工业排放	燃煤、工业园、扬尘、机动车尾气	多种污染源综合控制，多种污染物协同减排
法规政策	《中华人民共和国环境保护法》《中华人民共和国大气污染防治法》《环境空气质量标准》	《中华人民共和国大气污染防治法》两次修订《中华人民共和国大气污染防治法实施细则》	《关于推进大气污染联防联控工作改善区域空气质量的指导意见》	《中华人民共和国大气污染防治法》修订《大气污染防治行动计划》

图 2-1　区域大气污染联防联控政策发展历程

TSP，total suspended particulate，总悬浮微粒

程；1974 年设立了我国历史上第一个环境保护机构——国务院环境保护领导小组。1979 年的《中华人民共和国环境保护法》促使环境治理走上法律道路，1983年国家将环境保护确立为基本国策，以实现环境可持续发展目标。1987 年《中华人民共和国大气污染防治法》作为第一部大气污染方面的指导法规正式颁布，而后确定了实行浓度和总量双控的对策。

2. 1991~2000 年发展阶段：排放总量控制和区域联防联控试点

此阶段大气污染开始呈现成因复杂化和区域传输的特征，加之社会主义市场经济体制改革开始，权力开始向基层下放，涉及大气污染区域治理方面的多数法律法规和部门规章等得以实行。1991 年发布的《中华人民共和国大气污染防治法实施细则》标志着我国大气污染防治从工业点源控制转向生产和消费并行的面源、重点城市、流域和区域综合整治。1994 年 11 个部门联合进行了"清洁汽车行动"和"清洁能源行动"，促使跨行政区域和跨部门的协作试点开启。1995 年我国提出了总量控制计划，确定了按照各级政府申报的数据为基础进行"自上而下"的目标分解。

3. 2001~2010 年转型阶段：总量浓度双控和联防联控制度规范化

这一阶段我国大气污染向区域复合、污染源多样转化，矛盾更加突出，治理难度加剧，由此顶层设计得到重视，向着跨区域的多元主体合作治理转型（李牧耘等，

2020）。2010 年环境保护部等九部门发布了《关于推进大气污染联防联控工作改善区域空气质量的指导意见》，标志着我国开始了区域综合治理，规定了重点污染物、多种污染物（源）协同控制机制、公共参与的监督机制、信息共享、环境考核公示和举报等制度。

4. 2011～2020 年攻坚阶段：质量改善和区域联防联控制度精细化

新时期地方政府治理中存在权益与责任的平衡困境，治理工作至此进入了"攻坚期"。伴随着十九大的召开，我国对生态环境保护管理体制的需求也发生了显著变化。2018 年国务院发布的《打赢蓝天保卫战三年行动计划》标志着，我国大气污染防治由总量浓度双控向环境质量改善转变。2017 年十部委和六省市联合发布《京津冀及周边地区 2017—2018 年秋冬季大气污染综合治理攻坚行动方案》，提出加强联防联控，将跨部门和跨区域的联合治理推向高峰。国务院将京津冀及周边地区大气污染防治协作小组调整为领导小组，地位与权力进一步升格，各省市也成立了相关的大气污染防治工作小组。《2019 年全国大气污染防治工作要点》要求推进大气污染物排放标准的制定与衔接，并对不同区域提出了差异化的要求。

目前我国的大气污染治理工作呈现"上层加压，分类推进"的特点，政策以总量与质量改善配合、经济与环境协调发展、属地与跨区域协作结合为原则，协作从针对重点区域转向针对地级城市。政策目标也从考核总量减排转为改善空气质量，目标责任进一步向基层下沉。治理内容上更多因地制宜地实施差别化政策，开始注重对污染成因、来源、措施等的深度挖掘（李牧耘等，2020）。

基于上述分析可以看出，我国联防联控政策体系已经形成，治理责任也经历了从弱到强的细化加严过程以及责任向地方政府下沉的过程，现在已经进入了深层次矛盾挖掘和解决的时期，以满足长效改善空气质量的目标。当前大多数文献（姜玲和乔亚丽，2016）中总结的主体协调问题，除了都提及的区域协同治理手段和形式单一、区域治理缺乏权威性领导组织等问题外，政策体系中最缺乏的是对利益关系的分析和控制指标体系的科学解释。另外，中央政府负有大气污染治理的决策和监督职责，地方政府负有主要的治理责任，但目前对于政府间的联动配合责任尚未有明确规定和说明。

2.2.2　大气污染区域联防联控制度国内外对比研究

世界各国对大气污染治理做出了不断探索，在跨区域（国界）合作框架下利用多重手段联合治理，取得了显著成效，积累了宝贵经验（魏巍贤和王月红，2017）。

为科学分析我国大气污染联防联控政策发展现状和存在问题,本节对比分析我国与六个国家(地区)大气污染联防联控治理历程,梳理存在的问题,从统一规划、统一标准、统一监测、统一防治的角度为我国完善大气污染联防联控政策体系提出可供借鉴的经验和思路。

1. 比较对象选择

世界各国大都面临大气污染问题的困扰,其中跨区域(国界)污染问题尤为突出,各国为治理该问题做出了很多努力(表 2-1)。例如,1952 年的英国伦敦烟雾事件为欧盟各国敲响了警钟,欧盟积极制定《远距离跨界空气污染公约》以应对严重的跨境污染问题;美国和加拿大的跨境酸雨污染问题由来已久,在两国领导人的积极推动下签订了《空气质量协定》以应对污染物的跨境流动;20 世纪 80 年代经济发展和人口增长给美国和墨西哥边境带来了严重的跨境污染问题,两国依托贸易协商积极开展边境污染治理;1943 年和 1955 年在美国南加州洛杉矶发生的光化学烟雾事件促使加州积极采取措施控制机动车污染排放,并取得令人瞩目的成绩:从 20 世纪 50 年代到今天,机动车数量增加了 5 倍,但是 O_3 峰值却降低了 3/4;20 世纪 90 年代东南亚的跨境烟霾问题涉及多国利益,东盟持续介入并制定了《东盟跨境烟霾污染协议》(杜治平和张炜,2019);20 世纪 60 年代,日本的“四大公害”(水俣病、第二水俣病、四日市哮喘病、痛痛病)和机动车污染迫使政府积极采取污染防治措施,目前日本已成为对空气质量要求最严苛的亚洲国家之一。

表2-1　国外跨区域(国界)大气污染治理历程

国家(地区)	污染事件	应对措施	共性
欧盟	1952 年英国伦敦烟雾事件	欧盟国家积极制定《远距离跨界空气污染公约》	(1)跨区域(国界)污染问题 (2)探索出一套有效的跨部门、跨区域合作治理制度与机制
美国-加拿大	20 世纪 70 年代跨境酸雨污染	两国签订了《空气质量协定》	
美国-墨西哥	20 世纪 80 年代美国和墨西哥跨境污染问题	基于《北美自由贸易协定》,两国依托贸易协商积极治理边境污染	
美国南加州	1943 年和 1955 年美国南加州光化学烟雾事件	形成以联邦及加州《清洁空气法》为基本法、由大气污染控制法和大气质量标准法构成的大气污染防治专门法律体系	
东南亚	20 世纪 90 年代东南亚跨境烟霾问题	东盟制定《东盟跨境烟霾污染协议》,实现零跨境烟霾治理	
日本	20 世纪 60 年代工业和机动车污染排放	政府出台《大气污染防治法》和《汽车氮氧化物法》,建立完善的法律、空气质量标准和评估体系	

上述六个国家(地区)在推进工业化、促进贸易往来的过程中都较早面临跨区域(国界)污染问题,各国政府积极作为,区域污染治理效果显著,探索出一套有效的跨部门、跨区域合作治理制度与机制,积累了宝贵经验。因此,选取以

上六个国家（地区）作为比较对象，全面对比分析国外跨区域（国界）污染治理实践，为优化我国区域联防联控政策提供借鉴。

2. 比较研究标准

考虑到本节研究的区域联防联控政策属于公共政策范畴，因此按照公共政策制定的普遍规律设定比较标准。公共政策的内涵一般可以从政策主体、目标取向、活动过程与行为规范四个方面来分析（陈振明，2004）。就具体内容而言，多部门跨区域合作是区域联防联控政策的主要特征之一，而政策主体直接影响政策的制定和实施效果，因此政策参与主体的多样性能在一定程度反映政策制定的公平性和合作性；政策目标是政策主体期望达到的结果，相比于环境政策包含水污染、空气污染、土壤污染治理等多重政策目标，区域联防联控政策是目标指向明确的一类政策，其核心政策目标是促进空气质量改善、提升公民的居住幸福感，由于其政策目标单一且指向明确，本节在政策比较中不考虑政策目标如何设定，而在政策效果评估中考察政策执行是否达成政策目标；活动过程是指政府服务于政策目标而采取的一系列措施，受限于社会环境和资源条件，政策制定的可操作性和必要性是分析政策内容的重要指标；行为规范是指政府、企业和社会公众需要遵守的强制性准则，它包括法律、准则设置的合理性和可行性；此外，大气污染联防联控政策需要调动政府、企业和公众共同参与，这意味着联防联控政策需要一套系统的政策机制，来调动跨部门协作和多元治理积极性，基于这一特点，本节将政策机制作为指标纳入政策制定比较中。

3. 比较研究结果

从政策主体、活动过程、行为规范、政策机制四个维度对比分析我国与美国、加拿大、欧盟等六个国家或地区的制度与机制、治理方法与政策实践，为我国大气污染联防联控制度体系建设提供可借鉴的经验和思路，如表2-2所示。

表2-2　国外大气污染跨区域治理比较

维度	欧盟大气治理	美国-加拿大跨境治理	美国-墨西哥跨境治理	美国南加州烟雾治理	东南亚跨境烟霾治理	日本大气治理
政策主体	由理事委员会、履行委员会、效果评估工作组、战略和审查工作组等机构组成的一套完整体系	核心是建立双层治理模式，加美两国共同建立国际联合委员会及双边空气质量委员会	墨西哥的环境、自然资源和渔业秘书处与美国的环境保护局为国家协调人，负责区域工作组、特别工作组和政策论坛的协调	美国联邦环境保护署、加州空气资源委员、南部海岸空气质量管理；三大主体分工明确独立性高，部门利益冲突小	设立协商机制与定期会晤关系；跨部门协作机制常态化，二级组织一年至少举行两次会面；区域分工明确，按数据搜集与分析、技术和资金支持等进行分工	形成社会公众积极参与、地方政府积极推动、企业自我管理的良性政策博弈过程

续表

维度	欧盟大气治理	美国-加拿大跨境治理	美国-墨西哥跨境治理	美国南加州烟雾治理	东南亚跨境烟霾治理	日本大气治理
活动过程	科学量化体系:制定总量控制目标监测评估:建立跨行政区域管理与监督制度量化环境标准体系信息共享:建立共享信息数据库污染源管理:对工业项目实行排污审批和许可制度	信息共享:签订区域大气污染防治合作协议;以经济手段推动科学治污,建立空气质量信息和数据交换项目监测评估:基于《空气质量协定》每两年定期开展一次协议进展评估公众参与:评估报告向社会公开并征求意见,推动第三方监督	公众参与:环境合作委员会建立社区参与的环境治理模式,包括公众参与机制和公众宣传体系权力分配:促使项目技术论证和资金支持相分离,而不至于产生利益上的冲突,防止对环境项目的草率论证	信息公开:公众可无偿获取监测报告和空气质量地图监测评估:每四年制定一次空气质量达标规划,根据达标标准,制定详细规划污染源管理:统一管理固定源和移动源排污许可证公众参与:设立公听会、工作周交替和弹性上班制度	监测评估:建立东盟跨境烟霾检测及信息网络,完成东南亚整体的烟霾情况预测;成立环境治理相关的区域基金与国际组织的合作:接受亚洲开发银行援助;依托东南亚泥炭地森林恢复与可持续利用项目与欧盟合作	政府带头治理:与企业签订《公害防治协议》以提升企业环保意识;地方环境自治权较大企业自我约束;重视推广节能技术和产品,推进建立环保市场公众积极参与:公众积极监督政府环境治理;积极进行再回收利用分类
行为规范	欧盟大气立法包含空气质量立法和污染物排放立法。搭建起了"自上而下"的法规建设体系,决策更有主动性和执行力	为了达到《空气质量协定》为两国设定的环境目标,两国在国内环境政策方面制定了进一步的环境法规和治理项目	《北美自由贸易协定》及其附属的《北美环境合作协定》规定了贸易与环境如何进行协调	南加州空气污染治理机制是自下而上发展起来的,州的立法先于联邦政府,同时,州的标准也更严格于联邦政府的标准	《东盟跨境烟霾污染协议》,负责各国火灾情况管理和跨境烟霾问题	以《大气污染防治法》为基础,构建以烟尘、挥发性有机化合物、粉尘及颗粒物和机动车尾气等污染物为核心的政策体系
政策机制	建立制度化保障体系;建立高效的跨域组织领导机构;重视治理法规建设并严格落实	世界上第一个借助区域贸易机制的经验和模式,弥补环境机制缺失最突出的表现是建立"清洁空气市场机制"	从发散式到垂直管理式的改革,建立基于贸易协商制度的跨境环境合作	建立加州地方空气质量管理局,进行针对性治理,建立空气污染控制区,在主要污染源基础上出台综合治理方案	形成国家(主体)、企业(决定)和NGO[①](引导)"三元共治"的环境治理模式	建立科学高效的环境治理模式,形成环境管理的"三元结构",实现"政府控制"与"社会制衡"的结合

① non-governmental organization, 非政府组织

（1）区域立法上。欧盟的法规建设具有"自上而下"的特点,大气治理政策

分为欧盟层面和成员国层面，欧盟指令提出污染物排放的目标和管理要求，成员国在此基础上，自由选择实现措施，具有主动性和执行力。欧盟通过系列法律规范，搭建起一套结构合理、统筹协调的大气污染防治法律体系，有力推动欧盟大气污染治理的区域协作机制建设（魏巍贤和王月红，2017）。

（2）区域协作机制上。美国和墨西哥基于《北美环境合作协定》设定了完备的争端解决机制。《北美环境合作协定》在贸易与环境协调方面进行了细致的规定，如机构设置上，设立了环境合作委员会作为解决环境争端的独立常设性机构；争端解决程序上，规定了客观、具有可操作性的九种争端解决程序，因地制宜解决环境与贸易摩擦争端；环境监督上，协议强调各成员国应该将环境保护作为各国必须履行的义务，注重对成员国环境保护的立法、执法、司法程序的全面监督；这项程序确保边境两国环境执法的合规性和一致性。

（3）区域规划上。在以往经验的基础上，东盟规划无烟霾路线图，该路线图是实施东盟跨界烟霾污染控制合作行动的战略框架，目标是到2020年东盟彻底解决问题，实现零跨境烟霾，并制定了实施行动的具体时间表，保障各主体严格执法、行动一致（张程岑，2018）。

（4）标准设置上。国外大气污染治理实行统一的污染物排放标准，同时设置一定的弹性空间，兼具统一性和灵活性。第一，欧盟建立弹性环境标准体系，主要分为环境空气质量标准、大气污染物排放标准和大气环境监测方法标准，并对某些污染物排放值设定弹性空间。第二，美国加州实行严格的机动车排放标准和燃油标准，联邦与州两级政府对交通工具进行分类管理，并要求过渡期结束后必须达到规定的排放标准。第三，日本建立了完善的法律、空气质量标准和评估体系，根据排放口的高度、排放设施的种类及规模来划定不同污染物排放量，当某区域的排放超出规定限度时，环境大臣有权根据具体情况规定特殊排放标准。

（5）污染物监测上。国外建立起规范统一、覆盖全面、功能多样的污染物监测平台，同时重视对监测数据的统计分析与透明化管理。第一，欧盟经济委员会推出的"欧洲大气污染物远距离传输监测和评价合作方案"提供了大气污染的监测和评价信息，解决欧洲大气污染跨界合作治理难题的同时提供了基础性技术准备（魏巍贤和王月红，2017）。第二，东盟建立了统一的信息监测平台及此区域监控系统。根据多项治霾协定和计划，东盟建立了"烟霾行动在线"网站，该网站整合东盟各个相关部门数据，完成东南亚整体烟霾情况预测、信息发布与统计分析，政府、企业及民众能够通过该网站及时掌握烟霾情况，并对相应政策执行情况进行监督，实现对跨境烟霾治理的网络化透明管理（张程岑，2018）。

（6）目标考核机制上。根据国外的治理经验，依据工作组的具体情况设定独立的考评机制，而非依据行政管理机构进行目标考核，这种考评机制在一定程度上有利于推进具体工作组的实际工作。例如，美国-墨西哥边境治理以工作组为单位确定工作目标。例如，依据边界 21 计划（US-Mexico Border XXI Program），空气工作组确定具体的工作目标，包括发展空气质量评估和改善计划、继续在边界地区构建制度基础并培养技术专家、鼓励地方社区的参与、研究为减少空气污染实施经济激励计划（李颖，2006）。此外，国外建立了高效运作、权责明晰的排污许可制度体系，明确企业减排任务和法律责任。《欧盟工业排放指令》规定对有排污潜能的工业项目实行排污审批和许可制度，企业要尽可能利用先进技术降低污染物的排放，成员国建立完善排污许可证制度，积极采取措施保证企业在运行过程中符合许可证要求（魏巍贤和王月红，2017）。东南亚的烟霾治理充分发挥 NGO 的作用，形成国家、企业和 NGO "三元共治" 的环境治理模式，新兴的社会力量和发达的现代资讯把 NGO 推向社会前沿，NGO 成为引领环境治理的重要机构（张云，2015）。

2.3　中国大气污染区域联防联控政策问题和建议

本章综合运用比较研究对我国大气污染联防联控制度进行发展历程梳理、区域及国内外比较分析，发现主要存在以下问题。

2.3.1　中国大气污染联防联控政策存在的问题

1. 区域联合执法制度落实不到位、跨区域协作机制较为松散、跨区域的长效补偿机制尚未建立

第一，法律实施过程中存在大气污染执法监管和保障制度落实不到位、重点领域大气污染防治措施执行力度不够的问题。区域层面的环境与发展综合决策机制尚未形成，缺乏对区域大气污染问题的长效统筹与规划管理，地方政府间缺乏长效联合和沟通，合作多限于应急预警和总量控制（李牧耘等，2020）。

第二，现有联防联控跨区域协作机制较为松散，对参与主体缺乏约束力。在具体政策文件、行动方案中，对于哪些工作必须进行跨区域联动、如何进行跨区域联动、如果没有按照要求进行联动地方政府需要承担何种责任等具体内容尚未

明确说明，协作机制尚未形成对各地方参与主体的强制约束力。现有协调机构角色定位不明确、职能作用不显著，地方层面尚未形成常态化进行综合协调的机构体系。例如，S 省 T 市目前尚未成立类似隶属于人民政府的临时性协调机构，大气防治中需要联合其他职能部门协助落实的工作只能由分管环保的副市长以及生态环境局出面协调，而很多平级的职能部门相对环保部门更为强势，部门协作的推进难上加难。省市成立了大气污染防治工作领导小组等机构，但是这些机构仍为临时性议事协调机构，尚未从体制机制上形成常态化的综合协调机构，人员多为临时抽调，专业性不足。

第三，跨区域的长效补偿机制尚未建立。从利益共享、责任共担的角度来看，省份间尚未建立明确的横向补偿机制，对污染治理表现突出的省份给予一定的补偿。

2. 监测网络缺乏大数据综合分析手段，跨部门跨行业缺乏信息共享机制

第一，部分第三方检测机构提供的检测数据可信度存疑。随着机构的改革，环保检测已由县区市级环保检测机构推向社会，即第三方机构。检测设备的安装、维护成本都由企业负担，第三方为企业做服务并获得报酬，如果出具的检测报告连续不达标，作为甲方的企业可能会通过暂停资金报酬等方式给第三方机构施压。在此情况下，企业容易与第三方联合起来对检测数据进行修改，以出具一份达标的检测报告。

第二，跨部门跨行业信息共享程度较低。跨部门跨行业信息共享平台没有进行有效衔接，导致信息共享不完善。目前的空气质量信息发布平台普遍不能提供数据下载服务，当前的信息公开程度与社会各界的期望还存在一定的差距（潘本锋等，2017）。同时，跨部门跨行业的信息共享还有待加强。虽然我国已搭建大批遥感监测设备，但是监测数据尚未充分与公安部门有效衔接，数据联网、共享和应用存在不足，尚不能作为执法依据。

3. 目标考核机制以行政机构为主体，区域性污染防治考评未纳入考核机制，资金与人力资源保障能力有待提升

第一，目标制定过程不够公开透明。目前目标制定更多的是自上而下的模式。打赢蓝天保卫战三年行动计划目标、年度目标、秋冬季攻坚目标等设定主要围绕《“十三五”生态环境保护规划》中的约束性指标进行逐级分解，未能充分结合各城市污染减排潜力、污染治理现状与环境容量订立个性化目标。部分地区仍存在

"层层加码"现象。

第二，目标考核算法不够合理。当前大气质量目标考核算法主要采用当年数据订立下阶段目标，可能造成一定程度的不公平不合理。

其一，"鞭打快牛"问题比较突出。国家层面对省级层面统一考核，省内为保障顺利完成任务，可能对提前达到改善目标的城市下达加严的目标任务。在长期目标已经确立的情况下，不应该仅考虑当年的空气质量情况较好而进一步加严目标，这会对工作成绩良好的地市造成沉重负担，挫伤基层工作积极性。

其二，"大小年"现象突出。以秋冬季攻坚为例，前后两年前十名城市与后十名城市榜单的重合率达到 50% 以上，上一年度目标完成情况较好的城市在下一阶段目标压力较大，目标完成与否交替出现。地方在实际工作中可能会在考核结果基本完成后有所松懈，以防止下年被下达更为严格的考核指标。

第三，地方环保资金与人力资源匮乏，环保治理保障机制落实有待提高。基层环保资金不足、人力资源匮乏，导致地方在本地大气污染成因分析、重污染天气精准预报预警等落实上级政策要求的能力上明显不足。在一些地市，由于地方财政并不充裕，国家补贴的环保资金很难满足地方环保治理的需求；此外，地方科研院所和专业人才的缺乏，进一步削弱了地方环保部门落实上级政策的能力，给地方环保工作推进带来巨大压力。

2.3.2　中国大气污染联防联控政策优化建议

针对上述问题，本书提出如下针对性政策建议。

（1）加强完善法律政策框架，提高跨省市联合执法效率，同时加强治理主体联合协作，确保权责清晰。

第一，强化"自上而下"的法规建设，确保治理方案落实，引入第三方监督机构，提高跨省市联合执法效率。在区域联防联控法律规范方面，建议构建全国性、区域性的基本法律框架和合作协议，强化"自上而下"的法规建设，在建立国家层面的大气污染减排目标后，各区域要制定具体的落实方案，使大气污染治理落实到基层，确保大气污染防治的法律法规落到实处。

第二，建议重视联合执法的规范性和一致性。基于中央环保督察制度，可以借鉴东盟烟霾治理经验，引入 NGO 等环保组织作为第三方中介，监督跨省市政府联合执法行动，提高联合执法效率。

第三，建议建立区域联防联控完善应急机制，建立在紧急情况下协调区域行动的组织机构，按照分区指导、区内统一的原则，在发生区域性重污染天气时实施区域应急联动，以确保外部突发情况不会阻碍大气污染治理的进行。另外，在省级和市级层面，建议将现行临时性协调机构逐步升级为常设机构，在各级人民政府组建实体管理机构及办公室，由具有编制的专职人员组成，构建"区域—省—地市"层面的常态化综合协调机构体系。

（2）建议强化技术支撑和科研支持，建立大气污染区域监测评估体系，搭建统一的跨区域环境共享数据库，构建多元化信息交流平台。

借鉴欧洲大气污染监测经验[1]，结合我国大气监测体系，在推进《生态环境监测网络建设方案实施计划》的同时，建议优化监测点位布局，确保监测数据能全面反映大气污染现状，同时由大气污染防治部门和高等水平研究机构组建国家层面的大气污染监测评估机构，建立监测项目和监测区域覆盖全面、国控站点布局合理的监测制度。同时，充分吸收高等水平研究机构对污染源排放数据、气象数据和环境质量数据等大数据综合分析和模拟预测的成果，形成适应中国大气污染防治的区域监测评估体系，为制定相关政策提供科学支撑。建议各地区推动建立环境信息共享平台，依托已有信息网络系统，建立协作小组工作网站，将区域内各地区的大气污染污染源信息、治污政策、联防联控经验与科研成果、执法情况、预警预报情况等信息综合到统一的平台上，真正实现信息共享（李云燕等，2017）。

（3）建立综合地方和区域的系统性、复合型目标考核机制，实现固定源排污许可证制度和移动源的统一管理，扩大大气污染治理参与主体范围，构建多元共治的大气治污模式。

第一，基于国情，建议将考核体系细化到各部门、各区域，减轻环保部门的工作压力，由区域协调组织和机构（如京津冀及周边地区大气环境管理局和大气污染防治领导小组等）定期考核目标完成情况，考核整体区域而非独立行政主体的大气污染治理情况，从而有效抑制大气污染治理的溢出效应。

第二，实现固定源排污许可证制度和移动源的统一管理。建议逐步强化对排污者的监测、记录和报告，对超过排放标准的企业加强处罚力度，提高企业违法成本，充分发挥排污许可制度的作用；在移动源管理方面，根据污染源性质实现分级管理，加强移动源污染防治的可操作性，对飞机等外部性较大的污染源可由生态环境部进行管理，对一般污染源如汽车可由省级环保部门负责，对校车等驾驶区域较小的污染源可由地方管理。此外，通过相关配套法律责任制度的补位，从污染源生产端入手，完善我国机动车尾气污染治理手段，制定适合国情的机动车尾气污染治理法律制度（佐佐木萌，2014）。

第三，鼓励 NGO 参与，形成多元共治的大气治污模式。建议借鉴东南亚的"三元共治"模式，给予 NGO 话语权，利用国内环保组织或论坛将民众的意见

---

[1] 欧盟推出的"欧洲大气污染物远距离传输监测和评价合作方案"提供了大气污染的监测和评价信息，在解决欧洲大气污染跨界合作治理难题的同时提供了基础性技术准备。

纳入政策制定环节，同时整合官方媒体平台、大气质量检测网站和广泛的自媒体渠道，加大污染防治成果的宣传力度，及时报道污染治理执行情况，为政府主导的大气环境治理注入新鲜血液，构建多元共治的现代环境治理模式。

2.4　本章小结

　　本章首先介绍在政策现状分析中常用的比较研究方法；其次，以我国大气污染联防联控政策为例，通过纵向和横向的比较，分析我国大气污染防控政策发展历程，对比我国与美国和欧盟等六个国家（地区）政策体系的差异；最后，从"四个统一"的角度总结我国大气污染区域联防联控存在的问题，并提出相应的政策建议。

　　需要说明的是，在政策分析中，经常将比较研究方法与定量研究方法结合，以达到深入认识和理解政策特征的目的。关于比较研究方法的应用，在本书后续章节中会涉及，如第 4 章将比较研究与文本量化分析、机器学习和社会网络分析等方法相结合，对我国四大结构调整政策和十大重点区域联防联控政策的特征进行分析，揭示政策的演化路径和区域分布特征，为政策优化和政策设计提供科学依据。

第3章 基于扎根理论的环境政策有效性分析及应用

在环境治理的不断摸索进程中，政府着力于将环境治理实践经验制度化、法制化，形成了《中华人民共和国环境保护法》、《中华人民共和国大气污染防治法》、《重点区域大气污染防治"十二五"规划》和《大气污染防治行动计划》等法律、法规和政策性文件，这些法律、法规和政策性文件的有效执行依赖于政府、环保人员和公众等的监督、管理和执行。本章主要探讨政策执行有效性的影响因素。在对政策执行有效性的因素进行分析时，主要用到扎根理论，因而本章首先介绍扎根理论方法，然后以京津冀及周边地区 19 个城市的大气污染防治调研访谈记录为基础，应用该方法对影响政策执行有效性的因素进行分析，并且根据分析结果提出相应的政策建议。

3.1 扎根理论简介

扎根理论是质性研究领域常用的方法，其主旨是在对经验资料分析整理的基础上自下向上建立实质理论。扎根理论一般没有理论假设，直接从实际观察入手，从原始资料中归纳出经验概括，然后上升到理论（冯生尧和谢瑶妮，2001）。扎根理论一定要有经验证据的支持，其来源于数据，然后从经验事实中抽象出新的概念和思想（Glaser and Strauss，1967）。在哲学思想上，扎根理论方法基于后实证主义的范式，强调对目前已经建构的理论进行证伪，其本质是归纳法。

3.1.1　扎根理论的特征

扎根理论是质性研究领域著名的方法。质性研究是指研究人员采用多种资料收集方法，对社会现象进行整体性探究，主要使用归纳法分析资料和形成理论，通过与研究对象互动对其行为和意义建构获得解释性理解的一种活动（陈向明，2008）。质性研究具有以下特点：①透过被研究者的视角看待社会；②研究过程的情景描述被纳入研究中，情景描述能够提供深层发现；③将研究对象放置在其发生的背景和脉络之中，以对事件的始末做通盘的了解；④具有弹性，任何先入为主的或不适当的解释架构都应当避免，它采用开放或非结构方式；⑤资料整理主要依赖分析归纳，先使用一个大概的概念架构而非确切的假设引领研究，然后再依研究发现归纳成主题（王锡苓，2004）。

扎根理论具有四个显著特征：第一，主要目的是建立理论；第二，作为一般规则，研究人员应该确保自己的专业知识不会导致预先形成假设，而这种先入为主的理论想法可能会阻碍理论观念的形成；第三，需要关注每一部分的数据分析与概念构造是否能丰富现有的类别；第四，所有类型的数据切片都是通过理论抽样的过程来选择的，研究人员在分析的基础上决定下一步从哪里取样。

3.1.2　扎根理论的操作程序

扎根理论主要通过编码过程建立理论。执行不同的编码过程意味着研究者需要在数据分析中进行抽象和关联类别。Strauss 和 Corbin（1998）将编码过程分为开放式编码（一级编码）、主轴式编码（关联式登录）和选择性编码（核心式登录），强调编码时应避免使用已建立的理论类别。换言之，概念化元素应该从定性数据中浮现出来，而不是通过使用预先存在的可能性类别。具体来看，扎根理论的操作步骤主要分为三步：开放式编码、主轴式编码、选择性编码（图 3-1）。

开放式编码是对原始访谈资料逐字逐句进行编码、贴标签、记录，以从原始资料中产生初始概念、发现概念范畴。为了减少研究者个人的偏见或影响，研究人员应尽量使用受访者的原话作为标签，以从中发掘初始概念，得到相应初始概念。由于初始概念的数量非常庞杂且存在一定程度的交叉，而范畴是对概念的重新分类组合，需要对获得的初始概念进行范畴化。进行范畴化时，可以适当剔除重复频次极少的初始概念，并剔除个别前后矛盾的初始概念。主轴式编码的任务是发现范畴之间的潜在逻辑联系，发展主范畴及其副范畴。选择性编码是从主范畴中挖掘核心范

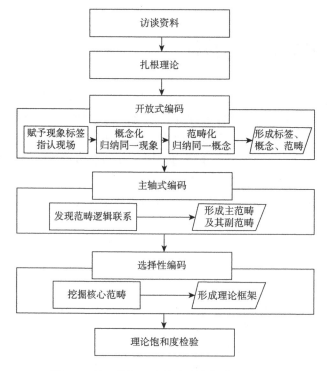

图 3-1　基于扎根理论的访谈资料分析流程图

资料来源：根据扎根流程绘制

畴，分析核心范畴与主范畴及其他范畴的连接关系，并以"故事线"方式描绘行为现象和脉络条件，完成"故事线"后实际上也就发展出新的实质理论构架（陈向明，1999）。

3.1.3　扎根理论的优点与缺点

扎根理论的优点主要有以下三个方面。

（1）数据分析的系统化过程：该方法支持数据的排序，并且为这种排序提供了数据和类别之间的可跟踪性，其数据分析是一个创造性和迭代的过程，包括分类和验证。

（2）该方法为发现新概念和类别与性质之间的关系提供了良好的支持。

（3）不断发展新的理论：在理论抽样过程中，收集新的数据，发现概念之间的差异，并根据它们的属性和维度丰富类别，发展新的理论。

作为一种质性研究方法，扎根理论不可避免地受到不确定性的影响。例如，收集的数据可能存在风险，来自受访者的信息往往是受访者自己解读的结果。因此，在运用扎根理论进行研究时，研究人员应该始终对信息持批判态度，寻找可以证实数据的替代信息来源。同时，有必要对经验数据采取关键立场。

3.2　环境政策有效性的影响因素分析和相关建议

我国大气污染形势严峻，以可吸入颗粒物（PM_{10}）、细颗粒物（$PM_{2.5}$）为特征污染物的区域性大气环境问题日益突出，损害人民群众身体健康，影响社会和谐稳定（张样盛和张腊梅，2014）。为治理大气污染问题，国家出台了"大气十条"等法律、法规和政策性文件。为确保完成"大气十条"确定的各项目标任务，《京津冀及周边地区 2017 年大气污染防治工作方案》划定京津冀及周边地区"2+26"城市进行区域污染治理。在区域联防联控方面，京津冀及周边地区走在全国前列，积累了丰富经验。因此，本节以京津冀及周边地区"2+26"城市区域联防联控治理为研究对象，运用扎根理论深入挖掘访谈资料，研究区域联防联控政策的执行情况，从完善区域联防联控政策体系的角度提出对策建议。

3.2.1　访谈资料收集

2019 年 1～8 月，研究人员赴京津冀及周边地区"2+26"城市开展大气污染区域联防联控专题调研。联合调研组重点围绕目标考核、协作机制、技术标准、管理办法、政策评估等方面，与"2+26"城市的生态环境、发展和改革、工业和信息化、住房和城乡建设、交通、公安等部门进行交流座谈，听取地方大气污染区域联防联控总体情况介绍，获取访谈资料（高长安，2019）。

本节通过非结构化问卷（开放式问卷）对"2+26"城市生态环境局相关人员进行访谈，以收集第一手资料，拟定访谈纲要十条，从制度设计与评估、具体措施手段（产业结构、能源结构、运输结构、专项行动）、协同治理模式（跨区域协作、跨部门协作）、监管与反馈四大方面有效探索大气污染联防联控政策执行情况及问题。作为一线执法人员，基层工作者最了解区域联防联控政策的执行现状，对研究问题有一定的理解和认识，所以选择的受访对象是生态环境局一线工作人员。受限于部分城市生态环境局负责人的约见难度和时间冲突，本书最终选择了 19 个城市，除北京市，访谈城市涵盖天津市、河北省、山西省、山东省和河南省，这 19 个城市在"2+26"城市中占比超过 2/3（表 3-1）。

表3-1　中国区域联防联控访谈城市汇总表

序号	受访城市	序号	受访城市
1	唐山	11	聊城
2	衡水	12	石家庄
3	邯郸	13	开封
4	济宁	14	淄博
5	濮阳	15	安阳
6	天津	16	太原
7	沧州	17	保定
8	德州	18	郑州
9	鹤壁	19	焦作
10	济南		

访谈过程中，采取小组访谈的形式，同时征得受访者同意对访谈进行录音，在访谈结束后对录音资料进行整理，完成访谈记录和备忘录，最终得到 14 万余字的访谈记录。

3.2.2　编码与理论饱和度检验

在正式编码前，对收集到的访谈资料进行阅读整理，基于城市的不同将访谈资料分为 19 份，并对每份资料按照访谈内容的不同进行初步归类。由于本次调研访谈对象均为生态环境保护部门工作人员，谈话内容贴近实际执法情况，语言描述较为规范，因此，不需要对访谈资料内容进行删减。此外，根据扎根理论的要求，随机选择了 2/3 的访谈记录（13 份）进行编码分析和模型建构，另外 1/3 的访谈记录（6 份）留作进行理论饱和度检验。

1）开放式编码

开放式编码是扎根理论的第一步，需要对原始访谈资料逐字逐句进行编码、贴标签、登录，以从原始资料中产生初始概念、发现概念范畴。为了减少研究者个人偏见对编码结果的影响，尽量使用受访者的原话作为标签以从中发掘初始概念，最终共得到 222 条原始语句及相应的初始概念。由于初始概念的数量非常庞杂，并存在一定程度的交叉，而范畴是对概念的重新分类组合，因此进一步对获得的初始概念进行范畴化。在这个过程中,本节剔除重复频次极少的初始概念(频次少于等于 2 次),仅仅选择重复频次在 3 次及以上的初始概念。此外,还剔除了个别前后矛盾的初始概念(附表 1)。

2)主轴式编码

主轴式编码的任务是发现范畴之间的潜在逻辑联系,发展主范畴及其副范畴。经过开放式编码,得到若干不同类型的范畴,在此基础上,根据不同范畴在概念层次上的相互关系和逻辑次序对其进行归类,探究其内在联系,在持续比较中最终归纳出八个主范畴,包括统一规划、统一标准、统一监测、统一的防治措施、政策评估、政策目标、政策执行、政策保障(附表 1)。

3)选择性编码

选择性编码是从主范畴中挖掘核心范畴,在这个过程中,需要确保核心范畴对大多数范畴具有统领性,通过分析核心范畴与主范畴及其他范畴的联结关系,并以"故事线"方式描绘行为现象和脉络条件,完成"故事线"后实际上也就发展出新的实质理论构架(张锰和刘人怀,2021)。

4)理论饱和度检验

为了确保研究中提取出的范畴、主范畴、核心范畴不再具有延展性,用预留的 1/3 的访谈记录(6 份)进行理论饱和度检验。结果显示,模型中的范畴已经发展得非常丰富,均没有发现形成新的重要范畴和关系,五个核心范畴内部也未发现新的构成因子。因此,上述扎根分析在理论上是饱和的。

3.2.3　政策有效执行影响因素分析

围绕"区域联防联控政策执行的影响因素及作用机制"这一核心范畴,通过扎根过程,最终形成五个核心范畴,分别是目标驱动、政策制定内容、政策保障、政策执行行为和内容、政策评估,这些核心范畴沿着"目标—策略—行为—反馈"四阶段作用路径展开。第一阶段的目标驱动主要是指目标设置是前导驱动因素,政府部门基于大气污染现状和客观气象条件划定治理方向,设置考核指标;在目标导向下政府制定相应治理策略,在此过程中受限于现实保障基础,如人员、技术与设施、资金等,二者制约着政策执行行为;在策略牵引下地方政府开始执行政策,涉及政策执行行为本身的有效性和政策执行内容的丰富性;最后需要对政策执行行为进行评估。

　　根据《中华人民共和国大气污染防治法》，重点区域应"按照统一规划、统一标准、统一监测、统一的防治措施的要求，开展大气污染联合防治，落实大气污染防治目标责任"。这一规定强调区域内城市间应在这四个方面达成一致，突破属地治理面临的桎梏和局限，实现区域空气质量改善的目标。可见，"统一"是区域联防联控治理实践的内核所在。因此，为了将政策方向性要求和地方执行现状相对应，本书将"四个统一"与扎根理论形成的五个核心范畴进行匹配，将目标驱动和政策制定归属统一规划，政策执行内容包括统一监测和统一的防治措施，政策制定内容中的标准部分归属统一标准，最终形成统一规划、统一标准、统一监测、统一的防治措施、政策保障和政策评估六个主范畴（图 3-2）。

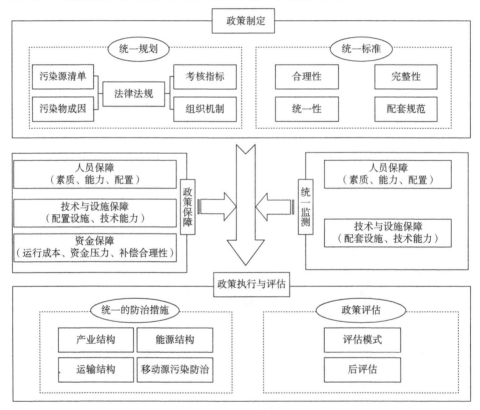

图 3-2　区域联防联控政策执行影响因素及作用机制

　　基于"策略—保障—行为—反馈"四阶段政策作用机制，本书识别出的主要问题如下。

　　（1）区域立法方面，区域联防联控主要体现在"联控"上，"联防"制度设计还有所欠缺。由于缺乏区域层面法规条例等顶层制度设计，京津冀及周边跨区域大气污染联防联控具体工作主要集于应对大范围重污染天气的区域应急联动、环境联动执法等末端控制措施（"联控"），针对中前端的"联防"措施较为缺乏。例如，由于缺乏统一的柴油货车在线监控系统和跨区域机动车联网信息平台，很难及时发现并查处柴油货车加装作弊器和使用劣质油品的现象，许多货车司机选择成本更加低廉的劣质油品，而针对黑加油站需要环保、商务、市场监管、公安等多部门甚至跨省市进行联合查处和溯源，跨区域跨部门协作不畅导致该项工作推进相对较慢。

（2）区域规划方面，政策出台过频给企业带来较大经济负担。虽然中央政府已经提出"统一规划"的指导原则，但在实际执行过程中，由于区域内不同省市间经济发展水平不一致，受污染程度不同，区域内难以达成中长期联防联控目标，缺乏统一的环境保护规划，如产业发展和资源利用相关政策频繁变更。以锅炉的综合整治为例，2016~2019 年，从淘汰 10 蒸吨以下快速升级为基本淘汰 35 蒸吨以下燃煤锅炉，企业没有稳定的政策预期，地方政府也难以配套足够的改造补贴，不断改造和淘汰更新给企业带来较大负担。

（3）标准设置方面，标准体系还不完善、区域标准差异较大。目前我国部分涉及挥发性有机物（volatile organic compounds，VOCs）排放的行业标准缺失，标准体系仍有完善的空间。虽然目前重点区域内各省份出台的地方标准已经逐步对接、统一，但是仍存在差异。河北、河南、山西、山东的污染排放控制要求也逐渐与京津两地接近，但仍达不到京津的水平。在行政边界处，可能一墙之隔，不同城市相同污染物的排放限值差异很大。特别是自京津冀及其周边地区执行大气污染物区别排放限值以来，已出现污染企业由"2+26"城市向周边城市转移的情况，"2+26"城市内也有不少企业从北京、天津向河北转移，由于搬迁距离较近，实际上没有对区域空气质量的改善起到积极作用。

（4）协作机制方面，2018 年，区域层面成立了京津冀及周边地区大气环境管理局，在省级的跨区域协作层面发挥了较大作用。但是在城市层面，尽管各地已陆续成立大气办（如北京市大气污染综合治理领导小组办公室、河北省大气污染防治工作领导小组办公室）、环境污染防治攻坚战领导小组等议事协调机构，分别设在市委、市政府或市级生态环境部门下，但实际上这仍然是临时性机构，人员编制不足、专业性不强、流动性较高等问题突出。总体来看，现有的联防联控跨地市区域协作机制较为松散，领导小组通过工作会议和信息报送等形式调度工作，协调力度小，难以形成合力，各地市、各部门"自扫门前雪"的现象较为普遍。

（5）污染物监测方面，监测点位布设不能全面反映城市的空气质量。部分城市空气质量监测国控站点数量相对较少，点位布局相对更加靠近城市中心，郊县甚至农村地区尚无国控监测站点，导致监测数据代表性不足（高长安，2019）。例如，济宁、德州、聊城、滨州的市区面积均大于济南，但国控站点的数量分别只有 3 个、3 个、2 个、3 个，不到济南（10 个）的三分之一。在河南省调研中相关人员指出，各个城市在进行工业企业"退城搬迁"过程中都将重污染企业布局于城市边界，对邻近城市的监测点位带来较大不利影响。当前的空气质量国控监测站点布设尚未充分考虑区域联防联控的需要。

（6）信息共享方面，智慧环保系统核心业务应用不足，跨部门跨行业信息共享机制尚有欠缺（高长安，2019）。当前平台没有形成部门数据共享和应用分析工作机制，各类环境数据的测管联动、上下协同、信息共享及综合集成的综合管控平台仍未实现。智慧环保系统往往包括对环境现状的评价和部分环境管理功能的实现，缺少对污染源的溯源分析、预报预警会商、应急预案模式评估等内容，没有真正实现有关方案优选和快速评价的决策功能。关停限产方案仍类似于"一刀切"。此外，预测污染物变化趋势等深入分析功能所需的水利、气象、企业等信息，跨部门跨行业共享较为缺乏。

（7）制度保障方面，专业人员配备不足、基层环保人员素质不高，导致政策执行受阻；技术设备落后于管理需要，设备运行成本、治理成本给地方政府带来财政压力。基层环保资金不足、人力资源匮乏，导致地方在本地大气污染成因分析、重污染天气精准预报预警等落实上级政策要求的能力上存在明显不足，地方也缺乏相应的能力去分析研究气象条件、区域传输及本来污染源对本市大气污染的影响。区域预警从 2016 年开始实行，由于各地情况有差异、预警会商不稳定，预报预警工作有时会下放给地方，让地市自己及时发布预警，如果出现晚发布或者预报不准的情况都会追责，但一些地方目前很难独立完成精准预报预警。

3.2.4　政策建议

针对上述问题，本书提出如下针对性政策建议。

（1）明确污染物排放标准性质和法律效力，综合考虑污染物排放特征，完善、统一地方排放标准及技术指南和规范，灵活设置标准弹性空间和特殊应急标准。

国家层面，建议做好顶层法律制度设计，强化生态环境标准制定和执行的法律保障，形成生态环境标准的法律体系，针对排放标准进行立法，明确排放标准的性质及效力。以涉 VOCs 和工业炉窑的行业排放标准为重点，制定或修订汽车涂装、集装箱制造、印刷包装、家具制造、人造板、纺织印染、船舶制造、干洗等行业大气污染物排放标准；综合考虑污染物排放特征，科学设置控制指标；加快制定标准的可行性技术指南和规范。地方层面，建议加快制定或修订适合地方高质量发展的重点行业排放标准，针对缺乏地方大气污染物排放标准的省份，建议结合地方工业发展现状、特定行业生产工艺特点，制定重点行业地方标准。地方政府应从改善所在区域整体环境质量的角度制定排放标准，适当控制标准更新频率，减缓企业提标改造的压力。标准指标设置上，灵活设置弹性空间和特殊应急标准将极大地提高实际防治工作的可行性，避免国家层面环境标准过于"普适"的不足。

（2）优化监测网络建设，保障环保相关数据的可靠性。

第一，建议在符合点位设置标准的前提下，在各地市辖区内适当增加大气污染国控站点，通过全辖区平均值来反映该城市的空气质量，作为大气质量考核的基础数据；或者考虑将部分省站、市站的数据纳入考核，通过更多更有代表性的数据来反映当地真实的空气质量。

第二，建议各地对企业在线监测系统进行排查，明确在线监测设备的最低精度要求，对于达不到最低要求的企业进行通报批评，督促这些企业尽快进行设备更新。同时，联合质监、环保、公安等部门，定期对企业在线监测数据和实际排放数据进行校对，若与第三方检测机构提供的数据有较大出入，则考虑吊销第三方机构的相关资质。

3.3　本章小结

本章首先介绍在质性分析中常用的扎根理论，其次以京津冀及周边地区 19 个城市的调研访谈资料为基础，利用扎根理论对影响京津冀大气污染联防联控政策有效执行的因素进行了分析，发现在区域立法、区域规划、标准设置、协作机制、污染物监测、信息共享和制度保障六方面存在的问题，最后针对这些问题提出了相应的政策建议。

需要说明的是，扎根理论不仅适用于大气政策，其在水、固体和土壤等环境污染防治政策中也具有广泛的应用。此外，扎根理论也可以与定量研究方法相结合，对环境政策进行分析，从而加深对政策的认识。本书第 4 章将扎根理论与社会网络分析相结合，对我国四大结构调整政策的特征进行识别，具体应用情况见第 4 章。

第4章 基于机器学习和社会网络分析的环境政策文本量化及应用

随着网络媒体与信息技术的发展，文本数据在数据分析中所占的比重越来越大。政策文本量化分析对于政策评价具有重要的价值，不亚于传统的结构性数据分析，为政策变迁、政策间断与均衡等研究提供了新的分析框架（李江等，2015）。通过海量的文本数据分析，可以直接提取环境政策的重点等，从而获取强有力的决策支持，满足决策的需要。针对政策文本的非结构化特点，本章主要介绍机器学习和社会网络分析方法，并以大气污染联防联控政策为例，挖掘和分析政策规制中的具体内容和关联，识别政策的演进特征。

4.1 政策特征识别方法

随着人工智能的高速发展，机器学习被广泛应用于文本分析中。机器学习是一门多领域交叉学科，涉及概率论、统计学、逼近论、凸分析、算法复杂度理论等，专门研究计算机如何模拟或实现人类的学习行为，以获取新的知识或技能，重新组织已有的知识结构使之不断改善自身的性能（杨舒，2020）。目前，机器学习可以分为有监督机器学习和无监督机器学习两种。

4.1.1 有监督机器学习方法

文本披露了大量的"类别"信息。这些"类别"信息主要包括情感类别、内容类别及观点意见类别等。例如，评论中的情感极性，通常分为正面情感和负面情感，而正面情感又分为高兴、惊喜等类型，负面情感分为愤怒、抱怨等类型。这些类型在文本中以自由形式呈现，表现出非结构化的性质。

　　然而，从非结构化文本大数据中发现和量化感兴趣的文本特征信息对社会科学研究人员来说是一项艰巨的任务。在规模较大的语料库中，很难手动执行详尽的文本阅读与内容划分。并且由于人为解读的主观性，分类结果也需要经过多轮处理与检验，而且类别的全面性也难以得到保证。例如，在政策文本量化中，同一篇政策文献需要多个人员赋值取平均，以降低人为解读的主观性；并且对政策内容的划分难以全面涵盖政策目标，通常只关注某些内容方面的分类量化。因此，手动分类非常消耗资源（人员、时间），即使开发了编码规则并训练了编码员，编码员仍然需要读取每个单独的文档进行赋值，而自动文本分析可以通过在量化分类的过程中减少人为参与来降低人工分类的成本、主观偏误等问题。

　　因此，研究人员越来越注重对自动文本分析的使用。自动文本分析利用自然语言处理、信息检索、文本挖掘和机器学习中开发的技术，相对客观地处理文本大数据，被理解为一类社会科学定量化分析方法。虽然自动文本分析仍处于发展阶段，但已经应用于社会科学的许多领域，包括政治科学（Grimmer，2010）、经济学、心理学等。在社会科学中，最常见的自动文本分析是对文本分类，并且在分类后可以很容易地使用类别的加和计数对文本进行量化。例如：Campbell 等（2014）使用预先定义好的字典将企业报告中的风险内容量化为五种风险类型：特殊的、系统的、财务、税收和诉讼风险。自动文本分析有三种方法，包括字典、监督学习和无监督学习。

　　（1）字典方法是最简单、最直观的自动文本分析方法。它通过使用某些关键字或短语将文档划分归类，或者度量文档属于特定类别的程度。由于其简单性，字典方法在社会科学中被广泛地用于测量文本。以企业报告分析为例，Kothari 等（2009）根据业务的季度情况和来源定义，使用字典方法计算业务正面类别和负面类别的数量。Feldman 等（2010）设计单词分类方案，将单词分为积极和消极两种类别来衡量企业报告文件中部分内容的音调变化。Rogers 等（2011）结合通用词典和特定文本词典来量化公司收益报告中的乐观和悲观语调。Kravet 和 Muslu（2013）通过搜索涉及风险定义的关键字或句子，从企业报告中提取风险披露的类型，若句子包含一个或多个预定义的关键词或变体，则将风险披露句子的语气定义为负面。字典方法要求研究人员事先识别出那些不同类别的单词组。换句话说，研究人员必须决定如何根据已定义的概念设计字典并为文档分配类别。当字典在同一领域中开发内容之外的其他内容区域应用时，可能会导致效率低下。字典方法可以理解为最原始的"监督"学习方法，研究人员在文本分析前，对词汇的消极和积极、正面与负面等给予了明确定义，基于这些定义对文本进行了分类。

（2）一般意义上的监督学习方法提供了将文档分配到预定义类别的新模式。其主要思路是，编码人员首先手工对一组文档进行分类，然后训练一个监督模型，该模型自动学习如何使用编码数据（训练集）为文档分配类别。与字典方法相比，监督学习方法有两个主要优势（Grimmer and Stewart，2013）：①它是可以应用到整个领域的，因此避免了在其预期识别内容之外的应用问题。具体来说，研究人员必须在清楚某些变量的定义和测量的基础上为感兴趣的类别（变量）制定编码规则，不仅仅是简单地分类。②它也很容易使用清晰的性能统计数据来检验识别的准确性。监督学习方法在预先制定的编码下可以对文档内容进行准确的划分，并且根据增加的文档样本可以不断完善监督模型。

由于上述优势，监督学习方法已被应用于许多社会科学领域。有学者使用朴素贝叶斯分类器对企业披露的政策文件中前瞻性语句的语气和内容进行分类。有学者开发了一种多标签文本分类算法，将企业报告中的风险因素分为 25 种风险类型。Cecchini 等（2010）开发了一种方法，为企业财务报告部分创建文本分类框架，可用于对公司财务事件的划分。监督学习方法在预先制定的编码下可以对文档内容进行准确的划分，并且根据增加的文档样本可以不断完善监督模型。

4.1.2 无监督机器学习方法

字典和监督学习方法均假设有一组预先定义好的类别信息。如果文本类别简单直观，这一假设就不会构成分类问题。例如，识别共同主题下文本陈述的积极和消极基调，这种类别就相当明确。然而，在大多数情况下，这些类别可能很难预先推导出来。以本书为例，环境治理包含多个方面、多种内容，影响政策内容的因素不可预测，并且因时空而异。显然，对政策内容的先验知识是难以全面了解的。如果没有这些知识，就不可能应用字典或监督学习方法来识别在政策内容中披露了哪些类型的内容。已有的研究工作大多基于预定义的类型概念，关注文本中某些类型的内容特征。显然，文本分析需要的不仅是量化"类型"的能力，还需要对这些类型的全面挖掘。

相比之下，无监督学习方法是一类学习文本的潜在特征而不强行设定类别的分类方法，通常被称为无监督的聚类方法，其中"聚类"意味着无监督的"分类"。无监督聚类方法使用文本最初的建模假设及其属性来估计一组类别，并同时将文档（或其他分析单元，如句子、段落）分配给这些类别。它们的价值主要体现在可以识别出理论上有效，但可能未得到充分研究或以前未知的内容类别（Grimmer and Stewart，2013）。

正如 Grimmer 和 King（2011）所指出的，无监督聚类方法的主要问题是需要建立一个可以在跨程序中应用工作的、单一的、精确定义的目标函数。然而，目标函数难以实现，因为人们常常是在特定于某些文本的上下文中优化一个"有用"的概念化目标。Grimmer 和 Stewart（2013）指出，有两种策略可以解决这个问题。第一种策略是研究人员对文本内容进行全面有效的检索，尽可能地发现并设定潜在类别，以识别文本中有趣或有价值的内容。例如，Grimmer 和 King（2011）开发了一种计算机辅助方法，以发现输入对象概念化的集群形式。第二种策略是通过一个模型将文本特定的结构整合到分析中。包含这些额外信息的聚类方法通常会导致更有趣的分类结果，但需要对模型进行改进。例如，Grimmer（2010）扩展了 LDA（latent Dirichlet allocation，隐含狄利克雷分布）主题模型，主题分析中纳入作者信息的考虑，以更好地衡量政治参与者在文本表达中的优先级。与 LDA 模型假定特定于某篇文档的混合主题不同，扩展模型假设同一作者的所有文档共享相同的混合主题。

1. 主题模型是一种用于挖掘文档中描述内容主题的统计模型

目前最常见的主题模型是 Blei 等（2003）提出的 LDA 模型。该模型根据每个主题中单词的离散概率分布生成主题的单词摘要，并根据这一单词向量进一步推断主题在文档中的离散分布。被观察文档与隐藏主题结构之间的相互作用表现在与 LDA 相关的概率生成过程中。这个生成过程可以被认为是一个随机的过程，根据这一过程产生了这些文档。设 M、N、K 和 V 分别为语料库中的文档数、文档中的单词数、主题数和词汇量大小；Dirichlet 和 Multi 分别表示狄利克雷分布和多项式分布，如图 4-1 所示。

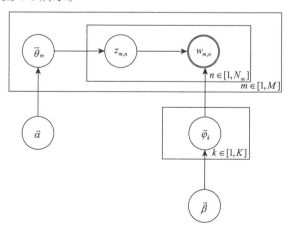

图 4-1　狄利克雷分布和多项式分布

资料来源：参考 Blei 等（2003）绘制

LDA 模型假设文档主题的先验分布是 Dirichlet 分布,即对于任何一篇文档 m, 其主题分布 θ_m 为

$$\theta_m \sim \text{Dirichlet}(\alpha)$$

其中,α 为分布的超参数,是一个 K 维向量(周阳,2019)。

同样地,LDA 模型假设主题中词的先验分布是 Dirichlet 分布,即对于任意主题 k,其词分布 φ_k 为

$$\varphi_k \sim \text{Dirichlet}(\beta)$$

其中,β 为分布的超参数,是一个 V 维向量,V 代表词汇表里词的具体数目。

对于任意一篇文档 m 中的第 n 个词在主题分布 θ_m 中,其主题编号 $z_{m,n}$ 的分布为

$$z_{m,n} \sim \text{Multi}(\theta_m)$$

进一步,对于该主题编号,具体词汇 $w_{m,n}$ 的概率分布为

$$w_{m,n} \sim \text{Multi}(\beta_{z_{m,n}})$$

在上述模型中,M 个文档主题的 Dirichlet 分布就对应 M 个主题编号的多项式分布,即 α;θ_m;$z_{m,n}$ 组成了 Dirichlet 与 Multi 的共轭,进而可以使用贝叶斯估计模型得到基于 Dirichlet 分布的文档主题后验分布。

则第 m 个文档中第 n 个主题的词汇个数为 $l_m^{(n)}$,相应的多项分布的具体计数可以表示为

$$\overline{l_m} = \left(l_m^{(1)}, l_m^{(2)}, \cdots, l_m^{(n)}\right)$$

利用 Dirichlet 与 Multi 的共轭,可以得到 θ_m 的后验分布:

$$\text{Dirichlet}(\varphi_k \mid \vec{\beta} + \overline{l_m})$$

由于主题产生词不依赖具体某一个文档,因此文档主题分布和主题词分布是独立的。具体参数的求解可以通过 Gibbs 采样或变分推断的 EM 算法求解。

2. 无监督学习可以用于发现文本潜在的内容结构

例如,可以通过无监督学习分析《红楼梦》中贾宝玉与林黛玉、薛宝钗和袭人等女性角色的匹配指数。首先,构建停用词表,如"不""的""之"等停用词。其次,构建分词词表,如宝玉、贾母、凤姐、袭人、黛玉等主角人物的名字,通用词典无法分辨这些名字。最后,设置主题数,计算这些分词,如宝玉、贾母等在每一章节中出现的概率,以及在主题中出现的概率,分别形成主题-词汇向量与章节-主题向量,然后对全文 120 个章节求和,计算这些主题出现的频率,观察宝玉与哪一位女性人物相处的频率最高。

上述无监督方法只是对政策内容进行了深入挖掘,但无法度量不同政策内容

间的联系。政策往往是通过多项措施实现一个或多个目标，单独考虑一类内容的实施不具有理论与实际意义。在此基础上本章利用社会网络分析法考察政策内容间的关联。

4.1.3　社会网络分析法

为考察主体之间的政策联系，应用社会网络分析法探究管控单位与防控内容之间的关系。社会网络分析用于研究社会中各个角色之间的关系，由多个节点和节点之间的关系组成（Powell and Hopkins，2015）。其中的节点代表的是"行动者"，可以指"人"，也可以指具体组织，如政府部门（Magnussen，2015）。社会网络分析的最大优势在于通过观察个体间的相互联系来解释各种社会现象，倡导的是双向的交互作用及强弱联系，是一种结构主义视角下的量化分析（Powell and Hopkins，2015）。

社会网络分析是根据数学方法、图论等发展起来的定量方法，是一种绘制和衡量社会关系的分析工具。这里的网络指的是关联关系，社会网络就是根据社会关系构成的组织。社会网络分析既是人类如何组织关系的理论，也是检验这种网络关系的方法。每一个参与者都处于庞大的社会网络中，并受到其他参与者的影响。在方法上，它提供了一个可视化、定量化的分析工具，关系模式可以通过这一工具进行识别、绘制及衡量。

社会网络是一种结构关系，它反映行动者之间的社会关系。构成社会网络的主要因素有：参与者"节点"是处理或交换信息或资源的人员、组织、计算机或任何其他集体性的单位；节点之间的关系"联系、纽带或边"代表着关系类型，如亲属关系、合作关系、交换关系、对抗关系等。社会网络分析的基本单位是二人组，由两个行动者构成的基本关系；在此基础上，子群是某一种关系中节点的子集；群体是某一关系下所有行动者的集合。社会网络分析是对网络关系结构及其属性加以分析的一套规范和方法（邓晓懿，2012）。

社会网络分析的基本原理体现在关系纽带上。通过关系纽带将网络中的成员连接在一起，网络整体的背景决定了网络的结构特征。节点之间关系纽带的相互作用通常不具有对称性，一般在具体内容强度上有所不同，这种不对称性网络是资源、权责等分配不平衡的反映，进而产生了节点之间的合作和竞争行为。并且由于节点之间的关联性带有一定的目的性，网络的形成具有一定非随机性，这是网络群、界限、交叉关联形成的基础。

社会科学研究既关注微观个体，又考虑宏观结构，通过社会网络分析，有助于将微观个体与宏观结构结合起来。传统研究存在个体主义与整体主义方法论的对立。前者强调了个体的行为反应及其意义，认为社会科学的研究应从个体微观着手；后者强调整体结构才能发挥作用，个体只是整体中的结构单元，主张研究对象应是社会关系，而非具体的社会个体。社会网络分析方法既可以研究个体单位间关联的形式与特征，也可以分析不同群体或组织之间的关系结构，有助于认识行为属性与个人行为特征。

社会网络分析从不同角度对网络关系进行分析，基本分析包括中心性分析、凝聚子群分析及核心-边缘结构分析等（刘佳等，2020）。

1. 中心性分析

个体或单位在网络中居于怎样的位置或具有怎样的权力是社会网络分析主要探讨的内容，主要通过个体中心度（centrality）或网络中心势来测量。顾名思义，中心度测量了个体处于网络中心的程度，反映了个体单位在网络中的重要程度；中心势测量了整个网络的集中趋势，刻画了网络中个体单位的差异性程度，一个网络关系中只有一个中心势。不论是中心度还是中心势，均有三种表征方式，点度中心度（势）、中间中心度（势）、接近中心度（势）。

（1）点度中心度反映的是某一个体与其他个体单位的直接联系程度，以网络中与该个体有联系的其他个体数量来衡量；点度中心势反映的是点的集中程度，首先计算各点中心度与最大中心度的差值并求和，然后与差值最大可能值相比，如下式所示：

$$C = \frac{\sum_{i=1}^{n}(C_{\max} - C_i)}{\max\left[\sum_{i=1}^{n}(C_{\max} - C_i)\right]}$$

其中，C 代表网络图的中心势；C_i 代表点的中心度；$C_{\max}$ 代表所有点中心度的最大值。

（2）中间中心度测量的是个体对关联的控制程度。如果一个个体处于很多其他两点之间的路径上，那么可以认为该个体具有控制其他个体之间关系的能力，以占据中间路径的数量来衡量。中间中心势则是表示网络整体结构特征的指数，以各节点中间中心度与最高中间中心度的差值表示，若差距越大，表示网络中节点可能分为多个小团体而且过于依赖某一节点的传递关系（黄勇等，2016）。点的中心度计算如下：

$$b_{jk}(i) = \frac{g_{jk}(i)}{g_{jk}}$$

其中，g_{jk} 为点 j 与点 k 之间的捷径条数；$g_{jk}(i)$ 为点 j 和点 k 之间经过第三点 i 的捷径数目；$b_{jk}(i)$ 表示第三点 i 控制 j 点与 k 点关联的能力（邹晴晴等，2016）。

进一步，点的绝对中心度 C_{ABi} 为

$$C_{ABi} = \sum_{j}^{n}\sum_{k}^{n}b_{jk}(i), \quad j \neq k \neq i, \quad \text{且 } j < k$$

点的相对中心度 C_{RBi} 为

$$C_{RBi} = \frac{2C_{ABi}}{n^2 - 3n + 2}, \quad 0 \leqslant C_{RBi} \leqslant 1$$

对于一个具有 n 个节点的网络来说，首先需要得到网络中各点的最大中心度，然后计算最大值与各点中心度的差值，最后除以理论上该差值总和的最大可能值（刘军，2009）：

$$C_B = \frac{\sum_{i=1}^{n}(C_{AB\max} - C_{ABi})}{n^3 - 4n^2 + 5n - 2} = \frac{\sum_{i=1}^{n}(C_{RB\max} - C_{RBi})}{n - 1}$$

（3）接近中心度刻画的是局部的中心性，衡量的是个体单位与其他单位的间接联系程度。若一个节点通过较短的路径与许多其他节点相连，该点就具有较高的接近中心性。一个点越是与其他点接近，该点就越容易传递信息，因而可以居于网络的中心，对网络整体来说，接近中心势越大，表明节点的差异性越大。点的绝对接近中心度计算如下：

$$C_{APi}^{-1} = \sum_{j=1}^{n}d_{ij}$$

其中，d_{ij} 为 i 点与 j 点的捷径距离；C_{APi}^{-1} 为 i 点的绝对接近中心度。在此基础上，点的相对中心度计算如下：

$$C_{RPi}^{-1} = \frac{C_{APi}^{-1}}{n - 1}$$

中心性通过点度中心度、中间中心度、接近中心度反映了个体在网络中的重要程度。例如，小红、小兰、小明三个小朋友，小红与小兰认识、小兰与小明认识、小红与小明不认识。那么在这一网络关系中，小兰的点度中心度最高为 2，她与小红和小明都认识，在关系网络中居于重要地位；其次，小红经由小兰与小明"连接"，小兰的中间中心度最高为 1，其他两人为 0，反映了小兰控制小红与小明个体关系的能力；最后，小红与小明的接近中心度为 1，他们都通过小兰连接，经由小红—小兰与小兰—小明路径可以比较方便地传递信息（图 4-2）。

图 4-2　中心度示例

资料来源：作者自制

2. 凝聚子群分析

凝聚子群是指网络中某些个体联系特别紧密，进而结合成一个次级团体。在网络中存在多少个这样的子群，子群内部成员之间的关系如何，一个子群与另一个子群之间的关系，等等，就是凝聚子群分析的具体对象。并且由于凝聚子群中成员关系的密切性，凝聚子群分析又被称为小团体分析。不同类型的凝聚子群分析如下。

（1）派系，指的是至少包含3个个体单位的最大完备子图。其中完备图是指任何两个节点之间都存在直接联系；"最大"是指节点的数目最大，即增加任何一点都会使子群不具备完备性。

（2）n 派系，是指任何两点间的捷径长度最大不超过 n。

（3）k 丛，是指每个点都至少与除了 k 个点之外的其他点直接相连的子群，即每个点的中心度至少为 $n-k$。

凝聚子群密度也是凝聚子群分析的一个比较重要的指标，主要用来衡量网络中的小团体现象是否严重。密度的取值范围为[-1, +1]，越接近 1，意味着派系林立的程度越大；越接近-1，表示派系林立的程度越小；越接近 0，表示网络越趋向于随机分布。

凝聚子群解析了网络图中的小团体。如图 4-3 所示，网络图中一共有 4 个节点，可以看出，节点 1 和节点 4 的捷径长度为 3，为最大捷径。其他任意两点间的捷径长度均小于 3，因此这些节点组成的网络就可以称为 3 派系。此外，图 4-3 中任意节点的中心度至少为 1，因此，这些点组成的网络也可以称为 3-丛。

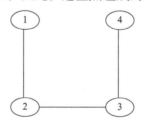

图 4-3　3 派系，3-丛

资料来源：作者自制

3. 核心-边缘结构分析

核心-边缘结构分析的主要目的是探究网络中节点的位置结构：哪些节点分布于核心位置，哪些节点分布于边缘位置。并且数据类型不同，将产生不同的核心-边缘结构分析结果：若为定类数据，核心-边缘结构模型为离散模型；若为定比数据，核心-边缘结构模型为连续性模型。根据核心群体与边缘群体之间的关系，核心-边缘结构模型又可分为以下四类。

（1）全关联模型。核心组成员之间联系紧密，可以看成是一个凝聚子群；边缘组成员之间没有联系；核心组与边缘组中的所有成员间都存在关系。

（2）无关模型。核心组成员之间联系紧密，可以看成是一个凝聚子群；边缘组成员之间没有联系，并且核心组与边缘组之间也没有联系。

（3）局部关联模型。核心组成员之间联系紧密，可以看成是一个凝聚子群；边缘组成员之间没有联系，但与核心组的部分成员之间存在关联。

（4）缺失模型。核心组成员之间的网络密度最大，边缘组成员之间的网络密度最小，两组之间不存在关联。

核心-边缘结构主要是分析节点在网络图中的分布，如图 4-4 所示，1，2，3，4 为核心节点；5，6，7，8 为边缘节点。整个网络模型可以看作一个全关联模型；若核心组与边缘组之间无关联，则为无关模型；若边缘组与核心组之间存在部分关联，则为局部关联模型；若两组之间不存在关联，且网络密度相差较大，则为缺失模型。

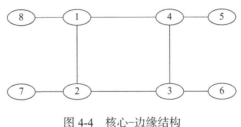

图 4-4　核心-边缘结构

资料来源：作者自制

4.2　环境政策的演变特征分析——以四大结构调整政策为例

大气污染联防联控政策是制度发挥作用的基础保障，在国内外制度对比研究基础上，需要就具体政策的特征、效果进行分析与评估。由于我国大气污染联防联控政策内容纷繁复杂、数量众多，政策设计存在重复化和低效化等问题，发展至今其政策特征尚不清晰，另外，现有研究缺乏对我国大气污染防治政策联系紧密性、结构一致性、进展同步性的评估，缺乏综合性、系统性、客观性及可追溯性的政策整体评估框架，导致政府部门缺乏对大气污染联防联控政策演变规律的把控，难以从过程管控的视角及时发现政策发展轨迹的偏差。因此，本节聚焦政策本身，运用扎根理论、机器学习和社会网络分析法深入挖掘政策主要措施，探究政策措施的一致性和协同性，政策主体（包括中央和地方、区域之间、各部门）之间的政策协同，从而有效帮助政府科学认识政策发展轨迹，把握政策未来发展方向。

4.2.1 四大结构调整政策分析框架

2018 年，国务院公开发布《打赢蓝天保卫战三年行动计划》，要求大力调整优化产业结构、能源结构、运输结构和用地结构，强化区域联防联控，狠抓秋冬季污染治理，统筹兼顾、系统谋划、精准施策，坚决打赢蓝天保卫战。四大结构调整政策的有效实施有助于实现经济发展与环境保护共赢（刘黎明和崔江龙，2020）。从经济发展角度来看，结构调整是加快经济发展的本质要求（李力行和申广军，2015；于斌斌，2015）。从环境保护角度来看，有研究集中探讨了环境规制与产业结构调整间的关系，发现环境规制与产业结构升级之间存在非线性的"U"形关系，当污染减排政策趋紧时，对产业结构调整的倒逼效应逐渐显现且弹性逐渐增强（原毅军和谢荣辉，2014；钟茂初等，2015）。此外，结构调整是缓解空气污染问题、实现节能减排的重要途径。研究从政策模拟视角构建双目标优化模型（刘黎明和崔江龙，2020）、动态可计算一般均衡模型（魏巍贤和马喜立，2015）、影响因素分解模型，给出最优化的结构调整方案，从理论逻辑层面厘清产业结构调整、发展煤炭清洁利用（韩建国，2016）、运输结构优化调整影响环境的内在机制，提出绿色实现路径。以上研究偏向于探讨经济发展、环境规制和结构调整间的关系，较少关注结构调整政策内容本身，而政策内容是政府在经济激励和政治激励之间权衡的最终结果，是促进结构调整、缓解空气污染的有效工具。特别是，2018 年国家颁布《打赢蓝天保卫战三年行动计划》后，四大结构调整政策成为治理空气污染的重要一环，因此，研究我国四大结构调整政策演变特征及规律至关重要。此外，有关政策内容方面的研究大多为基于质性分析的主观判断，难以客观反映政策内容。

基于以上背景，本节应用前文所述的扎根理论和社会网络分析等方法，开展政策特征识别，厘清我国大气污染防治政策的趋势特征。目前学术界多运用政策文本量化的方法研究政策演变特征，如刘云等（2014）最早聚焦政策本身进行阶段性分析，随后不少学者从政策工具（黄萃等，2011，2015；黄新平等，2020）、政策效力（芈凌云和杨洁，2017；王帮俊和朱荣，2019）、政策数量（芈凌云和杨洁，2017）等视角探讨政策演进特征，多运用内容分析法、频次统计分析、政策文本量化方法对政策本身进行分类研究。区别于以往研究提前划分政策类别、忽略政策间的联系，导致政策特征识别缺少科学性，本节主要运用扎根理论、文本分析方法、社会网络分析方法深入挖掘政策主要措施，并通过政策措施间联系的紧密程度科学识别政策特征，整体的方法分析框架见图 4-5。

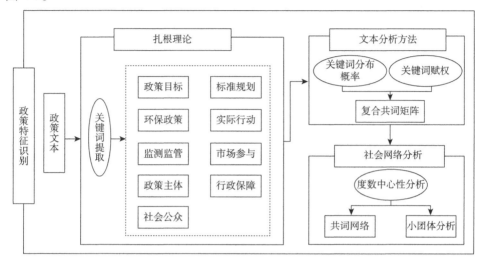

图 4-5　政策特征识别方法分析框架

首先，利用第 3 章介绍的扎根理论方法，从政策目标、政策主体、行政保障、市场参与、社会公众和监测监管等 9 个方面系统性地对政策文本进行编码，并采用词频计算方法统计每项编码在文本中出现的次数，作为其在政策文本中的局部权重。假设第 k 篇政策的第 i 个开放编码出现的频次为 x_{ki}，那么该项编码的局部权重为

$$w_{ki} = \frac{x_{ki}}{\sum_i x_{ki}} \tag{4-1}$$

其次，由于政策颁布主体不同，不同政策的效力级别也会有差别。根据政策的效力级别对政策文本进行赋权，从高到低分成 10 个等级，分别是法律、省级地方性法规、部门规章等，分别赋权 10 到 1。假设第 k 篇政策文本的权重为 a_k，其政策文本 k 的整体权重为

$$v_k = \frac{a_k}{\sum_k a_k} \tag{4-2}$$

再次，基于已有共词网络研究基础，考虑关键词权重和政策力度在共词网络分析中的影响和作用，建构基于政策力度与关键词权重的加权共词网络模型，接着利用 Ochiia 系数建构关键词矩阵，假设第 i 个关键词和第 j 个关键词同时出现

在政策 $a_1, a_2, \cdots, a_u, \cdots, a_q$ 中，两者共现部分政策的共词权重为

$$Z_{a_1,\cdots,a_q}(i,j) = \sum_u \sqrt{z_{ui} z_{uj}} \qquad (4\text{-}3)$$

则其在共词矩阵中的对应数值为

$$W(i,j) = \frac{\sum_u \sqrt{z_{ui} z_{uj}}}{\sqrt{\sum_k z_{ki}} \times \sqrt{\sum_k z_{kj}}} \qquad (4\text{-}4)$$

最后，基于关键词矩阵，绘制共词网络图，从中心度和网络小团体两个方面对四大结构调整政策进行分析，同时，将政策文本划分为四个时间段加以研究，以此厘清我国政策的阶段性特征和央地政策结构特征，发现目前政策的重点和不足之处，从而提供可行性发展建议。

4.2.2　四大结构调整政策特征识别

应用上文所述方法，对产业结构、能源结构、运输结构和用地结构的政策演进特征及中央和地方特征进行分析。

1. 产业结构调整政策特征识别

产业结构是指农业、工业和服务业在一国经济结构中所占的比重。产业结构调整能降低高污染、高耗能产业的比重，从源头上控制污染的产生和排放，是实现经济可持续发展和环境保护的重要路径（原毅军和谢荣辉，2014）。

1）政策演进特征分析

我国产业结构调整政策发文数量有明显的阶段性特征。如图 4-6 所示，1983～2018 年，我国产业结构政策总体呈现上升趋势，个别年份有所波动。联系现实政策环境发现，我国产业结构调整政策发文数量有明显的阶段性特征，不同发展阶段，国家都出台了引领性的文件，为方便分析不同阶段产业结构调整政策的特征，划分四个时间段进行研究，分别是探索起步阶段（1983～2005年）、初步形成阶段（2006～2009 年）、快速上升阶段（2010～2014 年）、全面推进阶段（2015～2018 年）。

（1）探索起步阶段政策特征分析。1983～2005 年我国产业结构调整政策关键词较少，联系不紧密。度数中心性是指网络中与该节点直接相连的节点个数，如果一个节点与许多节点直接相连，该节点就有较高的度数中心性。在产业政策

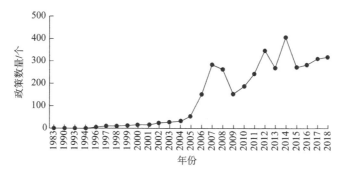

图 4-6　1983～2018 年我国产业结构调整政策

网络中，度数中心性越高，表明关键词在整个网络中越接近中心性地位，其影响力越大。产业结构政策关键词度数中心性如附表 2 所示，其中，监测（38[①]）、监督（38）、环境影响评价（38）中心性最高，处于网络中心位置，而综合整治行动（11）、产业技术水平（8）、区域产业布局（4）中心性偏低，处于网络边缘位置。就政策工具而言，第一阶段侧重使用监测、监督的命令控制型政策工具。

（2）初步形成阶段政策特征分析。相比于第一阶段，2006～2009 年我国产业结构调整政策关键词增多，联系逐渐紧密。产业结构关键词度数中心性如附表 2 所示，监测（48）、监督（48）、检查（48）等关键词中心性最高，处于整个网络的核心位置，而产业政策目录（16）、整改提升（13）中心性偏低，处于边缘位置，另外，前十位关键词中监测、监督等行政保障类关键词占据大半，说明我国第二阶段的产业政策仍以命令控制型政策工具为主，同时重视公众参与宣传教育，核心政策目标是升级改造，同时强调优化区域产业布局，主要政策措施是制定环境影响评价和产业结构调整指导目录，以控制高污染行业产能。

（3）快速上升阶段政策特征分析。相比于第二阶段，2010～2014 年我国产业结构调整政策关键词增多，措施间联系逐渐紧密。产业结构政策具体关键词度数中心性如附表 2 所示，其中监测（58）、监督（58）、考核（58）中心性最高，处于网络核心位置，而超低排放改造（18）、产业政策目录（18）、绿色债券（15）中心性偏低，处于网络边缘位置，说明第三阶段我国产业结构调整政策以命令控制型政策工具为核心，对经济激励型政策工具关注不高，核心政策目标是企业升级改造与园区循环化改造，主要政策措施与上阶段相同，以制定环境影响评价和产业结构调整指导目录为主。

（4）全面推进阶段政策特征分析。相比于第三阶段，2015～2018 年我国产业结构调整政策关键词增多，措施间联系非常紧密。产业结构政策具体关键词度数中心性如附表 2 所示，其中监测（69）、监督（69）、预警（69）、审批（69）、违法（69）

① 该数值表示不同政策关键词的度数中心性，下同。

中心性最高，处于网络核心位置，而行业绿色标准（19）、融资审核（12）中心性偏低，处于网络边缘位置，说明第四阶段我国产业结构调整政策仍以命令控制型政策工具为核心，开始重视升级改造和产业结构调整类的政策目标，但是在融资审核和行业绿色标准制定方面有所缺乏。

2）中央与地方政策特征分析

我国中央产业结构调整政策以行政保障和监督检测类的措施为核心，但是在标准规划方面有所缺乏，尤其是行业绿色标准和产业政策目录。小团体分析方面，如图 4-7 所示，我国中央产业结构调整政策可以分为三类：第一类是以考核（66）、升级改造（65）、排查（65）、应急（65）为核心的行政保障类别，约占政策总数的 60.6%；第二类以超低排放改造（61）、关停取缔（61）、"散乱污"企业（60）为核心，约占政策总数的 31.8%；第三类则以企业搬迁改造和园区循环化改造为主，约占政策总数的 7.6%。以上结果表明我国中央产业政策分别以升级改造和超低排放改造为重要政策目标，采取以排查和关停取缔为核心的行政手段，辅之以问责和联合惩戒。

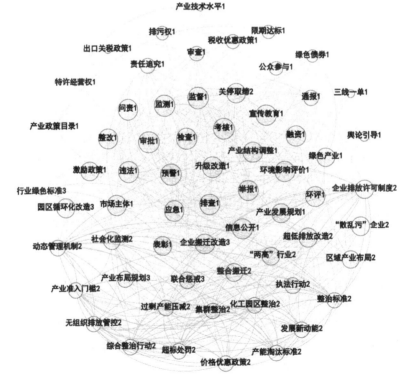

图 4-7　中央产业结构调整政策小团体分布

数字 1，2，3 分别代表三类政策小团体；圆圈大小表示中心度大小

　　与中央相比，地方政策网络平均度偏低，但网络图密度偏高，说明地方政策影响力较高，且网络结构较完整。关键词度数中心性如附表 3 所示，我国地方产业结构调整政策综合运用了命令控制型、公众参与型和经济激励型政策工具，但对制定产业政策目录（30）和融资审核（12）重视程度不够。小团体分析方面，如图 4-8 所示，我国地方产业结构调整政策可以分为两类：一类以监测（68）、公众参与（68）、监督（68）、融资（68）为核心，综合运用了命令控制型、经济激励型和公众参与型政策工具，占地方产业政策总数的 59.7%；另一类以超低排放改造（67）和排查（67）为核心，占地方产业政策总数的 40.3%。以上结果表明我国地方产业政策综合运用政策工具，并以超低排放改造为重要政策目标。

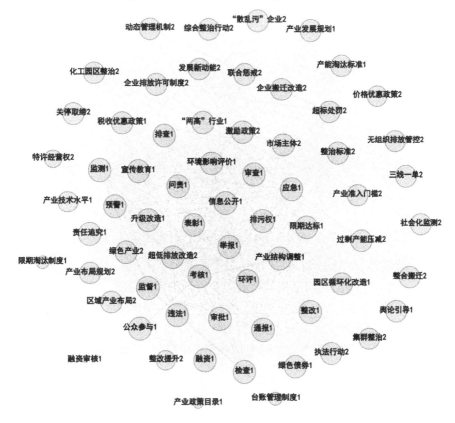

图 4-8　地方产业结构调整政策小团体分布

数字 1，2 分别代表两类政策小团体；圆圈大小表示中心度大小

2. 能源结构调整政策特征识别

能源结构是指能源总生产量或总消费量中各类一次能源、二次能源的构成及

其比例关系（周德田和郭景刚，2013）。除产业结构外，能源结构是环境污染的重要原因（马丽梅和张晓，2014），同时能源结构与碳排放密切相关，因此能源消耗对环境质量的影响一直是环境经济学家关注的问题。

1）政策演进特征分析

我国能源结构调整政策发文数量有明显的阶段性特征。如图 4-9 所示，联系实际政策环境，能源结构调整政策具有明显的阶段性特征，为方便分析不同阶段能源结构调整政策的特征，划分四个时间段进行研究，分别是探索起步阶段（1983～2005 年）、初步形成阶段（2006～2009 年）、快速上升阶段（2010～2014年）、全面推进阶段（2015～2018 年）。

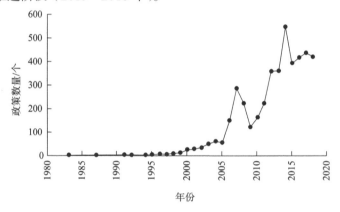

图 4-9 1983～2018 年我国能源结构调整政策

（1）探索起步阶段政策特征分析。

1983～2005 年我国能源结构调整政策关键词偏少，联系不紧密。具体关键词度数中心性如附表 2 所示，清洁能源、宣传教育、集中供热（28）度数中心性最高，处于网络的核心位置，而开发利用风能（6）、审理（7）、排查（8）度数中心性不足 10，处于网络边缘位置，说明我国在第一阶段就意识到清洁能源的重要性，但是开发利用风能尚不够成熟，且我国早期的能源结构调整政策非常重视命令控制型政策，如监督管理、评估、抽查等；另外，高于网络平均度的关键词中燃煤锅炉综合整治措施和煤炭治理措施占大多数，燃煤锅炉综合整治主要集中在集中供热、热电联产、热电联供措施上，而煤炭治理主要集中在治理低硫煤、发展洁净煤技术上。

（2）初步形成阶段政策特征分析。

相较于第一阶段，2006～2009 年我国能源结构调整政策关键词增多，且联系更加紧密。关键词度数中心性如附表 2 所示，其中，监督管理（40）、宣传教育（39）

处于网络核心位置，而天然气发电（5）、超低排放（5）、燃煤锅炉综合整治（4）处于网络边缘位置，说明第二阶段我国能源结构调整政策非常重视命令控制型和公众参与型政策工具的运用；另外，高于网络平均度的关键词集中在节能标准、能源利用效率、绿色建筑、建筑能效等关键词，说明该阶段的政策倾向于提高能源利用效率。

（3）快速上升阶段政策特征分析。

2010～2014 年我国能源结构调整政策关键词数量和紧密程度进一步提高。关键词度数中心性如附表 2 所示，煤炭（53）、清洁能源（52）、新能源（52）、监督管理（52）、热电联产（52）、集中供热（52）处于网络核心位置，而排污系数测算（11）、全民节能行动（12）处于网络边缘位置，说明第三阶段的能源结构调整政策以煤炭、清洁能源、新能源等政策主体为主，而在高于网络平均度的关键词中，首次出现了关键词——煤炭消费总量控制，与以往关注治理低硫煤、发展洁净煤技术不同，说明该阶段政府开始倾向于控制煤炭消费总量。

（4）全面推进阶段政策特征分析。

2015～2018 年我国能源结构调整政策关键词中心性如附表 2 所示，其中，清洁能源、新能源、煤炭、监督管理、煤改气（64）处于网络核心位置，且控制程度较高，说明我国能源结构调整政策以发展清洁能源、新能源、煤炭为主，以监督管理为主要的行政保障手段，以"煤改气"为主要的政策内容。

2）中央与地方政策特征分析

中央的能源结构调整政策关键词中心性如附表 3 所示，其中，清洁能源（57）、煤炭（56）和监督管理（56）中心性最高，处于网络图的核心位置，而清洁取暖工程（7）和清洁取暖规划（16）处于网络边缘位置，说明中央能源结构调整政策以清洁能源和煤炭为主要政策主体，以监督管理为主要行政手段；另外，高于网络平均度的关键词主要集中在煤炭治理和提高能源利用效率上，说明中央能源结构调整政策倾向于治理煤炭与提高能源利用效率；而低于网络平均度的关键词有供热价格机制、清洁取暖价格、清洁取暖规划、清洁取暖工程、生物天然气、南气北送、天然气价格形成机制、天然气发电等，说明相较于其他政策，我国能源结构调整中央政策在清洁取暖和天然气产供储销体系建设方面存在不足；从政策工具的角度来看，中央政策对全民节能行动和信贷支持重视程度不高。

小团体分析方面，如图 4-10 所示，我国中央能源结构调整政策大体分为四类：第一类以清洁能源（57）、煤炭（56）和监督管理（56）为主，第二类以新能源（55）、绿色建筑（51）为主，第三类以超低排放（51）、煤改气（51）为主，第四类以环保电价（50）、能源利用效率（48）为主。前两类小团体形成以清洁能源、煤炭、新能源和绿色建筑为主的政策主体；后两类小团体形成以超低排放和能源利用效率为主的政策目标。

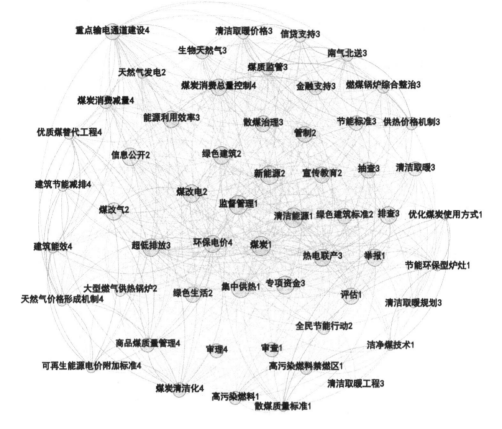

图 4-10　中央能源结构调整政策小团体分布
数字 1，2，3，4 分别代表四类政策小团体；圆圈大小表示中心度大小

　　地方能源结构调整政策关键词度数中心性如附表 3 所示，其中，清洁能源、新能源、举报、煤炭、监督管理、评估、高污染燃料、审查、煤改气（60）处于网络核心位置，形成以清洁能源、新能源、煤炭、高污染燃料为核心的政策主体，以监督管理、评估、审查为主的行政保障手段，以"煤改气"为主的环保政策；而排污系数测算（2）处于网络边缘位置；另外，高于网络平均度的关键词主要有煤炭消费总量控制、散煤治理、煤炭消费减量、煤炭清洁化、商品煤质量管理、煤质监管，说明与中央政策不同，地方政府非常重视煤炭治理与煤炭消费总量控制；另外，低于网络平均度的关键词主要有天然气发电、生物天然气、天然气供储销、天然气价格形成机制、供热价格机制、清洁取暖价格、清洁取暖规划、清洁取暖工程，主要集中在推进北方地区清洁取暖和建设天然气产供储销体系，与

中央政策相同；从政策工具的角度看，地方政策对全民节能行动重视程度不高。

小团体分析方面，如图 4-11 所示，我国地方能源结构调整政策大致分为四类：第一类以清洁能源、煤炭、高污染燃料（60）为主，第二类以新能源（60）、绿色建筑（58）为主，第三类以举报、监督管理、评估、审查（60）行政保障类措施为主，第四类是以煤改气（60）、煤改电（57）为主的环保政策。前两类小团体形成以清洁能源、高污染燃料、新能源和绿色建筑为主的政策主体。与中央政策重视政策主体和政策目标不同，地方政策更加重视具体的环保政策和行政保障类措施。

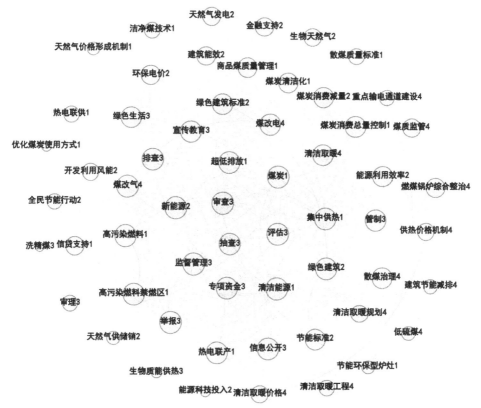

图 4-11　地方能源结构调整政策小团体分布

数字 1，2，3，4 分别代表四类政策小团体；圆圈大小表示中心度大小

3. 运输结构调整政策特征识别

运输结构是指综合运输系统中，各种运输方式的地位、布局及相互发展的比例关系（吴峰和施其洲，2006）。交通运输业是继能源部门之后的碳排放第二大来源，同时机动车排放对大气污染的分担率也日趋上升（佟琼等，2014）。在此背景下，运输结构调整对于减污降碳具有重要的作用。

1）政策演进特征分析

我国运输结构调整政策发文数量有明显的阶段性特征。如图 4-12 所示，结合现实政策环境，基于政策环境节点变化特征，结合政策发文数量趋势，以下分为三个时间段分析运输结构调整政策，分别是初步形成阶段（2009～2012 年）、快速上升阶段（2013～2014 年）和全面推进阶段（2015～2018 年）。

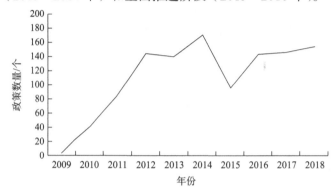

图 4-12　2009～2018 年我国运输结构调整政策

（1）初步形成阶段政策特征分析。

如附表 2 所示，第一阶段的运输结构调整政策以机动车排放标准（23）为核心，其次是执法检查（21）和监督管理（20）；而处于网络边缘的是高排放车辆（5）、排放检验（7）、报告核查（7）、企业自查（7）和监督抽查（7）。说明 2009～2012 年我国运输结构调整政策以执法检查和监督管理的行政保障为核心，对排放检验、企业自查等检查方式类的行政手段重视程度不足；另外，该阶段网络平均度为 13.12，高于该值的关键词有机动车排放标准、移动源污染防治、发动机排放标准、非道路移动机械、新能源汽车，主要集中在机动车管理与加强非道路移动机械污染防治方面，此外，从政策工具的角度来看，早期的运输结构政策比较重视执法检查、监督管理、宣传教育、监督检查、举报、绿色出行，倾向于采用命令控制型和公众参与型政策工具。

（2）快速上升阶段政策特征分析。

如附表 2 所示，第二阶段的运输结构调整政策以油气回收治理（12）、新能源汽车（12）、宣传教育（12）和监督检查（12）为核心；而处于网络边缘的是排放检验、机动车保有量、机动车排放标准、绿色出行（7）。说明 2013～2014 年我国运输结构调整政策以油气回收治理为主要的政策目标，同时重视新能源汽车政策的推广；另外，该阶段网络平均度为 8.75，高于该值的关键词有油气回收治理（12）、新能源汽车（12）、宣传教育（12）、监督检查（12）、技术研发（9）、监督管理（9）、执法检查（9）、举报（9），政策内容主要集中在油品改造和新能源汽车开发方面，而政策工具主要集中在命令控制型和公众参与型。

（3）全面推进阶段政策特征分析。

如附表 2 所示，第三阶段的运输结构调整政策以监督检查（61）为核心，其次是非道路移动机械（58）和船舶排放控制（58）；而处于网络边缘的是公转铁（5）和船舶结构调整（9）。说明 2015～2018 年我国运输结构调整政策以监督检查类的行政保障为核心，且该阶段对非道路移动机械和船舶排放控制比较重视；对公转铁和船舶结构调整的重视程度不够。

2）中央与地方政策特征分析

（1）中央政策特征分析。

如附表 3 所示，中央政策网络图以非道路移动机械（56）为核心，其次是排放检验（55）和船舶排放控制（52）；而处于网络边缘的是公转铁（5）、报告核查（7）和企业自查（7）。说明我国中央运输结构调整政策以非道路移动机械（56）、柴油货车（51）和公路运输（46）类的政策主体为核心，且以排放检验（55）、监督抽测（49）和路检路查（45）类的行政保障为主，尤其是对柴油货车污染治理攻坚战（48）很重视。

高于网络平均度的关键词有柴油货车、柴油货车污染治理攻坚战、国六排放标准[①]等，主要集中在大力淘汰老旧车辆和优化调整货物运输结构方面，说明我国中央运输结构调整政策非常重视这两方面；而低于网络平均度的关键词有移动源污染防治、车船结构升级、供售电机制、船舶污染、移动污染源排放标准、船舶结构调整、公转铁，说明我国运输结构调整政策虽然重视非道路移动机械和船舶排放控制，但是对船舶结构调整、升级方面重视不足，另外，在调整货物运输结构的过程中，公转铁措施强度较低；从政策工具的角度来看，中央政策主要采用排放检验、监督抽测、路检路查等方式，政策工具较为全面。

小团体分析方面，如图 4-13 所示，我国中央运输结构调整政策大致分为四类：第一类以船舶排放控制（52）为核心，其次是新能源汽车（43），约占政策总数的32.3%；第二类以柴油货车（51）为核心，其次是柴油货车污染治理攻坚战（48），约占政策总数的 24.6%；第三类以路检路查（45）为核心，其次是铁路专用线建设（44）和清洁油品行动（44）；第四类以非道路移动机械（56）为核心，其次是排放检验（55）。可见，中央运输结构调整政策以柴油货车和非道路移动机械类的政策主体为核心，以船舶排放控制为主要的环保政策，以路检路查为主要的行政保障措施。

---

① 国家第六阶段机动车污染物排放标准，包括环境保护部、国家质量监督检验检疫总局发布的《轻型汽车污染物排放限值及测量方法（中国第六阶段）》和《重型柴油车污染物排放限值及测量方法（中国第六阶段）》两部分。

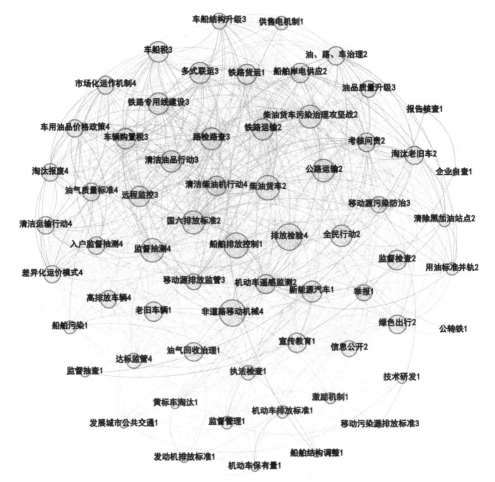

图 4-13　中央运输结构调整政策小团体分布

数字 1，2，3，4 分别代表四类政策小团体；圆圈大小表示中心度大小

（2）地方政策特征分析。

如附表 3 所示，地方的运输结构调整政策以新能源汽车（50）为核心，其次是非道路移动机械（49）和柴油货车（46）；而处于网络边缘的是淘汰更新补贴政策（2）和供售电机制（4）。说明我国地方运输结构调整政策以新能源汽车、非道路移动机械、柴油货车类的政策主体为核心，对淘汰更新补贴政策和供售电机制类的环保政策关注度比较低。高于平均度的关键词有新能源汽车、非道路移动机械、柴油货车、淘汰老旧车、公路运输、移动源污染防治，说明地方政策主要集中在机动车管理、加强非道路移动机械和船舶污染防治、大力淘汰老旧车辆方面；而低于平均度的关键词有船舶污染、船舶排放控制、船舶结构调整、供售电机制、清洁运输行动，其中，船舶结构调整和供售电机制中心性最低，说明地方政策在

船舶结构调整和供售电机制方面有所不足，且在促进清洁运输行动方面重视程度不足；从政策工具的角度来看，地方政策主要采用排放检验、信息公开、监督抽测、监督检查、考核问责、全民行动等方式，以命令控制型和公众参与型政策为主，经济激励型政策较为缺乏。

　　小团体分析方面，如图 4-14 所示，我国地方运输结构调整政策大致分为四类，以第一类和第二类为主。第一类以新能源汽车（50）为核心，其次是非道路移动机械（49）和排放检验（45），约占政策总数的 44.3%；第二类以柴油货车（46）和淘汰老旧车（46）为核心，其次是多式联运（45）、铁路运输（45），约占政策总数的 39.3%。可见，地方运输结构调整政策以柴油货车、新能源汽车和非道路移动机械类的政策主体为核心，以多式联运为主要的政策目标，以排放检验为主要的行政保障措施。

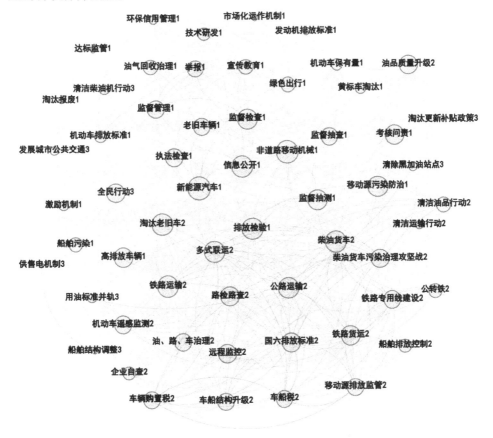

图 4-14　地方运输结构调整政策小团体分布

数字 1，2，3 分别代表三类政策小团体；圆圈大小表示中心度大小

4. 用地结构调整政策特征识别

土地利用结构是一定范围内的各种用地之间的比例关系或组成情况（王万茂等，2021）。用地方式、用地结构和用地指标的配置以及由此产生的经济发展空间的变化、产业结构的调整和经济增长方式的调整等均会对生态环境质量产生影响（王镝和唐茂钢，2019）。

1）政策演进特征分析

我国用地结构调整政策发文数量有明显的阶段性特征。如图 4-15 所示，联系现实政策环境，用地结构调整政策具有明显的阶段性特征，为方便分析不同阶段用地结构调整政策的特征，划分四个时间段进行研究，分别是探索起步阶段（1997～2005 年）、初步形成阶段（2006～2009 年）、快速上升阶段（2010～2014年）、全面推进阶段（2015～2018 年）。

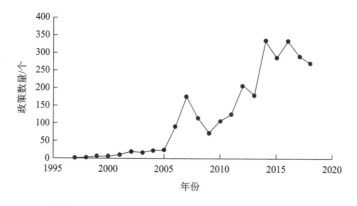

图 4-15　1997～2018 年我国用地结构调整政策

（1）探索起步阶段政策特征分析。

1997～2005 年我国用地结构调整政策具体关键词度数中心性如附表 2 所示，考核（24）、处罚（21）、监管（20）、关闭（20）、秸秆综合利用（20）度数中心性最高，处于网络的核心位置，而扬尘综合治理（4）、科普宣传（5）、秸秆综合利用项目（6）度数中心性不足 10，处于网络边缘位置，说明我国在第一阶段就意识到秸秆综合利用的重要性，但是对扬尘治理缺乏重视，且我国早期的用地结构调整政策非常重视命令控制型政策，如考核、处罚、监管等；另外，高于网络平均度的关键词中秸秆禁烧、防风固沙、秸秆综合利用政策措施占大多数。

（2）初步形成阶段政策特征分析。

2006～2009 年我国用地结构调整政策关键词度数中心性如附表 2 所示，其中，监管（31）、考核（31）处于网络核心位置，而秸秆能源化利用（7）、审理（9）、绿色施工（15）处于网络边缘位置，说明第二阶段我国用地结构调整政策非常重视命令控制型政策工具的运用；另外，高于网络平均度的关键词集中在工地扬尘、秸秆综合利用、秸秆禁烧等方面，说明该阶段的政策措施倾向于工地扬尘治理与秸秆综合利用。

（3）快速上升阶段政策特征分析。

2010～2014 年我国用地结构调整政策关键词度数中心性如附表 2 所示，排查、监管、关闭、在线监测、考核、处罚（39）处于网络核心位置，而扬尘抑制（3）、专项巡查（10）处于网络边缘位置，说明第三阶段的用地结构调整政策以排查、监管、关闭等命令型政策工具为主，而在高于网络平均度的关键词中，首次出现了废弃物资源化利用，与以往关注面源污染治理、秸秆综合利用不同，说明该阶段政府开始倾向于废弃物的有效利用。

（4）全面推进阶段政策特征分析。

2015～2018 年我国用地结构调整政策关键词度数中心性如附表 2 所示，其中，秸秆综合利用、考核、责任追究（49）处于网络核心位置，且控制程度较高，而秸秆发电补贴（9）、扬尘抑制（11）处于网络边缘位置，说明我国用地结构调整政策措施以秸秆综合利用、面源污染治理为主，行政保障手段以考核、责任追究为主，对秸秆发电补贴类的经济激励型政策措施关注度不高。

2）中央与地方政策特征分析

我国中央用地结构调整政策关键词度数中心性如附表 3 所示，其中，秸秆综合利用（49）、监管（47）、考核（47）中心性偏高，处于网络核心位置，而秸秆综合利用规划、扬尘抑制（5）中心性偏低，处于网络边缘位置，说明我国中央用地结构调整政策以行政保障和监督检测类的措施为核心，但是在秸秆综合利用规划和扬尘抑制方面有所欠缺。

小团体分析方面，如图 4-16 所示，我国中央用地结构调整政策可以分为四类，以第一类和第二类为主。第一类以秸秆综合利用（49）、监管（47）、考核（47）为核心，形成以考核、监管为核心的行政保障类别，占政策总数的 57.1%；第二类以停产整治、视频监控（39）为核心，占政策总数的 30.6%。以上结果表明，我国中央用地政策主要采取以监管、考核和视频监控为核心的行政手段。

我国地方用地结构调整政策关键词度数中心性如附表 3 所示，其中，排查、在线监测、面源污染治理（48）中心性偏高，处于网络核心位置，而巡查监测（28）、面源污染治理攻坚战（17）中心性偏低，处于网络边缘位置，说明我国地方用地结构调整政策以行政保障和监督监测类的措施为核心，但是在面源污染具体行动方面有所欠缺。

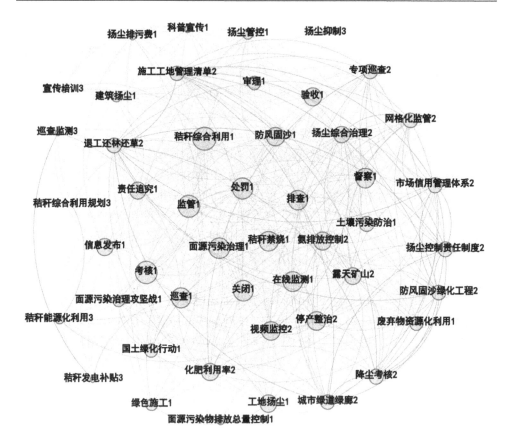

图 4-16　中央用地结构调整政策小团体分布

数字 1，2，3 分别代表三类政策小团体；圆圈大小表示中心度大小

　　小团体分析方面，如图 4-17 所示，我国地方用地结构调整政策可以分为三类，以第一类和第二类为主。第一类以排查、监管、关闭（48）为核心，约占政策总数的 53.2%；第二类以网格化监管（47）、化肥利用率（46）、扬尘控制责任制度（46）为核心，约占政策总数的 31.9%。以上结果表明，我国地方用地政策主要采取提高化肥利用率、扬尘控制责任制度为核心的行政措施。

4.2.3　四大结构调整政策特征总结

　　本节运用政策特征识别方法，从政策演变特征分析、中央与地方政策特征分析两个角度深入研究四大结构调整政策，发现其具有明显的阶段性特征，并且中央与地方政策关注点有所不同，具体如表 4-1 所示。

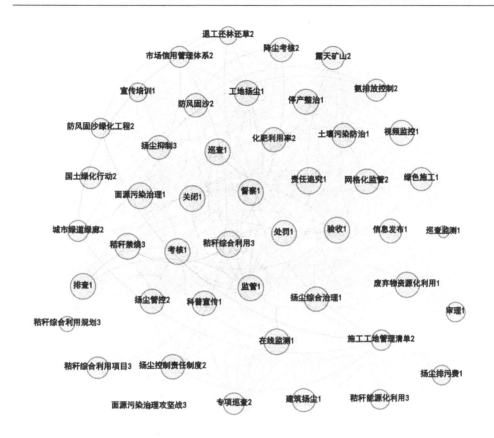

图 4-17　地方用地结构调整政策小团体分布

数字 1，2，3 分别代表三类政策小团体；圆圈大小表示中心度大小

表4-1　四大结构调整政策特征总结

政策类别	不同阶段的政策演进特征				中央政策特征	地方政策特征
	探索起步	初步形成	快速上升	全面推进		
产业结构调整政策	重视环境影响评价制度；侧重使用命令控制型政策工具	重视企业升级改造，强调优化区域产业布局；重视使用命令控制型政策工具	重视企业升级改造、园区循环化改造；重视使用命令控制型政策工具，对经济激励型政策工具关注度不高	重视升级改造和产业结构调整类；但缺乏融资审核和行业绿色标准制定	重视升级改造和超低排放改造，采取以排查和关停取缔为核心的行政手段，辅之以问责和联合惩戒	综合运用政策工具，重视超低排放改造
能源结构调整政策	开始关注清洁能源；重视使用命令控制型政策工具	重视提高能源利用效率；侧重使用命令控制型和公众参与型政策工具	开始关注控制煤炭消费总量，重视开发清洁能源和新能源	重视"煤改气"；以监督管理为主要的行政保障手段	重视治理煤炭、提高能源利用效率；但在清洁取暖、天然气产供储销体系建设、全民节能行动和信贷支持方面有所不足	重视煤炭治理与煤炭消费总量控制；对全民节能行动重视程度不高

政策类别	不同阶段的政策演进特征				中央政策特征	地方政策特征
	探索起步	初步形成	快速上升	全面推进		
运输结构调整政策	—	重视机动车管理、非道路移动机械污染防治；倾向使用命令控制型和公众参与型政策工具	重视油气回收治理和新能源汽车政策推广；侧重使用命令控制型和公众参与型政策工具	重视非道路移动机械和船舶排放控制；但对公转铁和船舶结构调整的重视程度不够	注重大力淘汰老旧车辆和优化调整货物运输结构；但对船舶结构调整重视不足	重视新能源汽车、非道路移动机械、柴油货车治理；但对淘汰更新补贴、供售电机制关注度比较低，经济激励型政策较为缺乏
用地结构调整政策	开始关注秸秆综合利用，但缺乏对扬尘治理的重视程度	重视工地扬尘治理与秸秆综合利用；重视命令控制型政策工具的运用	开始关注废弃物有效利用；并侧重使用命令控制型政策工具	重视秸秆综合利用、面源污染治理；对秸秆发电补贴类经济激励型政策关注度不高	重视行政保障和监督监测；但在秸秆综合利用规划和扬尘抑制方面有所欠缺	重视行政保障和监督监测；但在面源污染具体行动方面有所欠缺

在此过程中发现以下问题。

（1）我国产业结构调整政策在政策内容上对制定行业绿色标准和产业政策目录关注度较低，政策工具上重视命令控制型和公众参与型政策工具，对融资审核、税收优惠政策、绿色债券等经济激励型政策工具重视程度不高。

我国产业结构调整政策网络结构最完整，政策关键词联系紧密，网络凝聚力最高，但缺乏融资审核、行业绿色标准政策内容和经济激励型政策工具。具体来说，我国产业结构调整政策的核心目标是升级改造，以"两高"行业和绿色产业为核心的政策主体，重视命令控制型政策工具和公众参与型政策工具，但缺乏经济激励型政策工具，对融资审核和行业绿色标准制定方面重视程度不高；央地政策比较方面，地方政策网络结构较中央完整，并且政策工具运用方面较全面，中央政策在标准规划方面有所欠缺，体现在制定行业绿色标准和产业政策目录方面，地方政策对制定产业政策目录和融资审核重视程度不够。

（2）我国能源结构调整政策虽然在政策内容上重视新能源和清洁能源的开发和利用，但对可再生能源电价、供热价格机制、清洁取暖价格、信贷支持等激励型政策工具运用程度不高。

我国能源结构调整政策主要集中在推进北方地区清洁取暖、天然气产供储销体系建设、农村"煤改电"电网升级改造、实施煤炭消费总量控制、燃煤锅炉综合整治、提高能源利用效率、加快发展清洁能源和新能源、划定高污染燃料禁燃区这八个方面，而在发展新能源和清洁能源方面，我国虽然高度重视，但在具体操作层面还有待加强，如在可再生能源电价和生物质能供热方面有待进一步加强；此外，从政策工具的角度来看，全民节能行动中心性低于平均水平，说明我国能源结构调整政策对全民节能行动类的公众参与型政策手段重视程度不够。

（3）我国运输结构调整政策网络结构有较大完善空间，网络凝聚力较低，在政策内容上缺乏对公转铁和船舶结构调整的重视，在政策工具上对供售电机制、淘汰更新补贴政策等激励型政策工具重视程度偏低。

具体来说，我国运输结构调整政策以监督检查行政保障为核心，政策内容相对完整，涉及大力淘汰老旧车辆、加强非道路移动机械和船舶污染防治、优化调整货物运输结构、油品改造四个重要政策措施，但对公转铁和船舶结构调整重视程度不够；中央政策对柴油货车污染治理攻坚战很重视，但在公转铁、企业自查、报告自查方面较为欠缺，地方政策重视新能源汽车，但对淘汰更新补贴政策和供售电机制环保政策关注度低。

（4）我国用地结构调整政策网络结构相对完整，网络凝聚力较高，但缺乏秸秆治理具体措施和经济激励型政策工具。

具体来说，我国中央和地方用地结构调整政策内容都集中在秸秆综合利用、面源污染治理、秸秆禁烧方面，但具体治理措施均有所欠缺，如秸秆综合利用规划、秸秆综合利用项目；政策工具方面，中央和地方都对公众参与型和经济激励型政策工具运用不足，如秸秆发电补贴、扬尘排污费、宣传培训。

4.2.4　四大结构调整政策的相应建议

（1）产业结构调整政策方面，建议以生态环保产业税收优惠、绿色债券、企业融资激励型政策为主要抓手促进产业结构绿色转型调整。

（2）能源结构调整政策方面，建议政府以补贴、电价改革为主要手段完善清洁取暖、电价调整、"煤改气"等政策，进而推进能源节约利用和结构调整。

（3）运输结构调整政策方面，建议政府以差异化运价、运营补贴、税收优惠等政策为主要抓手推进柴油货车淘汰更新、鼓励新能源汽车发展，进而推进交通运输结构优化调整。

（4）用地结构调整政策方面，建议政府以秸秆发电补贴和扬尘排污费为主要激励手段促进秸秆综合利用和扬尘污染防治工作的有效进行，进而促进用地结构的优化调整。

（5）总体上，建议地方政府重点推进能源结构和运输结构调整政策，创新发挥政策协同和经济激励类政策工具的作用。

我国大气污染联防联控政策重心从污染治理末端的污染防治向污染治理前端

的发展源头调整，其中四大结构调整政策是生态环境保护工作的重心，也是生态环境政策体系调控的主要领域（董战峰等，2020）。在政策实践中，产业结构和用地结构调整政策内容相对完整，政策措施间联系紧密，网络凝聚力相对较高，但缺乏对经济激励型政策工具的运用；而能源结构和运输结构调整政策内容相对不完整，政策措施联系不够紧密，网络凝聚力较低，说明四大结构调整政策实施步调不一致，产业结构和用地结构调整政策走在前列，而能源结构和运输结构调整政策稍显不足。建议政府加快完善能源结构和运输结构调整政策内容，系统考虑各个政策措施间的联系，发挥政策措施间的协同作用，提高整体政策的凝聚力，同时创新发挥好经济激励类政策工具的作用。

4.3　环境政策对比研究——以十大重点区域联防联控为例

由于大气污染具有区域性、复合性特征，区域合作成为可行的治理路径。依据地理特征、社会经济发展水平、大气污染程度、城市空间分布及大气污染物在区域内的输送规律，由多部门颁布的《重点区域大气污染防治"十二五"规划》将规划区域划分为重点控制区和一般控制区，实施差异化的控制要求，制定有针对性的污染防治策略，规划范围为京津冀、长江三角洲（简称长三角）、珠江三角洲（简称珠三角）地区，以及辽宁中部、山东、武汉及其周边、长株潭、成渝、海峡西岸、山西中北部、陕西关中、甘宁、新疆乌鲁木齐城市群等三区十群。随着我国大气污染区域性治理的不断深化，京津冀城市群、长三角城市群、珠三角城市群等重点区域逐渐成为我国区域环境治理与经济发展的主要区域性组织，为大气污染治理提供了有效的地理边界。

由此可见，跨域治理已经成为大气污染防控的必然选择，对区域合作治理的深入探讨有助于明晰当前治理状况、地方政府协同合作过程中存在的问题及区域治理网络的政策因素。并且由于各区域的产业发展、能源结构等的差异化，在治理重点、政策边界上也呈现出多样化特征。基于此，本节致力于从政策角度描述大气污染的合作治理现状，试图通过对其防控差异的比较分析，发现区域治理网络结构的潜在政策基础，探究差异化、精细化的区域合作政策体系。

4.3.1　十大重点区域联防联控政策对比

随着大气污染日益加剧，依据中央部署，各地区因地制宜出台了很多大气污染政策。区域治理不是简单的中央政策在区域内的执行，而是既要考虑治理主体之间的关联情况，又要将不同来源的政策进行有机整合，进而降低对区域内各地方发展的影响。然而，已有的政策基础与各主体间的政策联系不明确，将导致政策冲突、重复，不利于区域防控政策的出台。为了探究我国不同区域大气污染联防联控治理政策的特点与不足，本节基于十大重点防控区域 2000～2018 年 12 166条大气污染防治政策，采用无监督学习与社会网络分析从区域分布特征和内容特征两个方面对各重点区域防控进行分析。

本节主要利用中心度这一指标衡量政策内容与治理主体的联系程度，中心度越高则表示相应内容的数量及所涉及的主体越多，被更多的主体重视。最终主要将大气污染联防联控政策文本聚为 16 类，分别是臭氧管控、环保宣传、监管执法、环境影响评价、监测监控、秸秆禁烧管控、空气质量考核、排污权交易、排污许可证、企业节能减排、燃煤污染防控、扬尘治理、移动源管控、应急预警、总量控制、清洁生产（图 4-18）。总体来看，各防控区域对应急预警、移动源管控、总量控制等方面较为关注，其中，各区域对应急预警的关注度远高于其他政策措施，说明我国区域联防联控重点以应急预警为主，而珠三角地区以移动源管控为主；相对来说，各区域在燃煤污染防控、臭氧管控、排污权交易等方面关注程度较低，说明我国区域联防联控需要加强这几个方面的污染防治。

考虑到不同区域内政策侧重点有所不同，本节计算了每个区域政策主题出现的频率，构建了大气污染联防联控政策区域分布网络图，发现十大区域联防联控政策分布具有两方面特征。

1. 不同区域的政策分布呈现出显著差异

第一，有些区域政策措施分布较为均匀，区域内各地区的防控内容较为相似。例如，在中原城市群、辽宁城市群、汾渭平原城市群、成渝地区、哈长城市群等重点防控区域中，各项政策措施在城市主体中均有涉及，没有体现出明显的差异化特征（图 4-19 至图 4-23）。在上述区域中，各城市的经济发展水平较为相似，具体能源结构、产业结构、运输结构等方面没有较大差异，政策防控较为均匀（Mandelkern，2016）。此外，大气污染的具体防控是由中央推动，地方具体执行的，在政策防控方面本身具有一定的相似性。在上述区域中，政策防控与经济结构的相似性更有助于城市间的政策协同、政策整合及联防联控的实行。

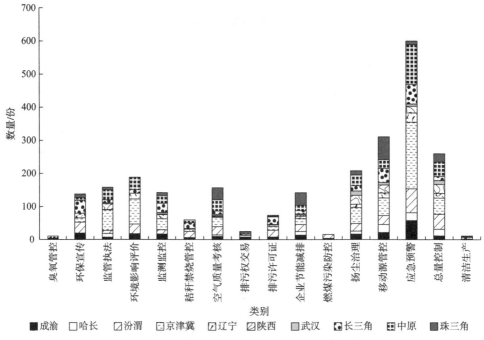

图 4-18 区域大气污染联防联控政策内容分布

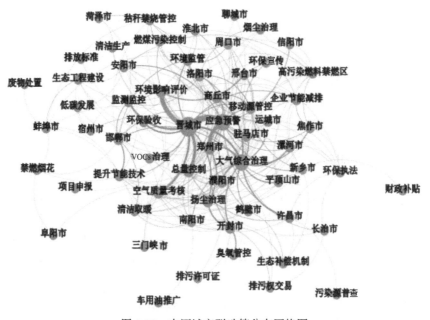

图 4-19 中原城市群政策分布网络图

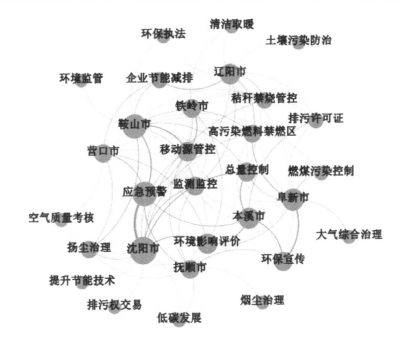

图 4-20　辽宁城市群政策分布网络图

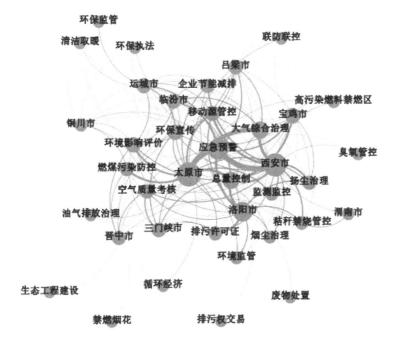

图 4-21　汾渭平原城市群政策分布网络图

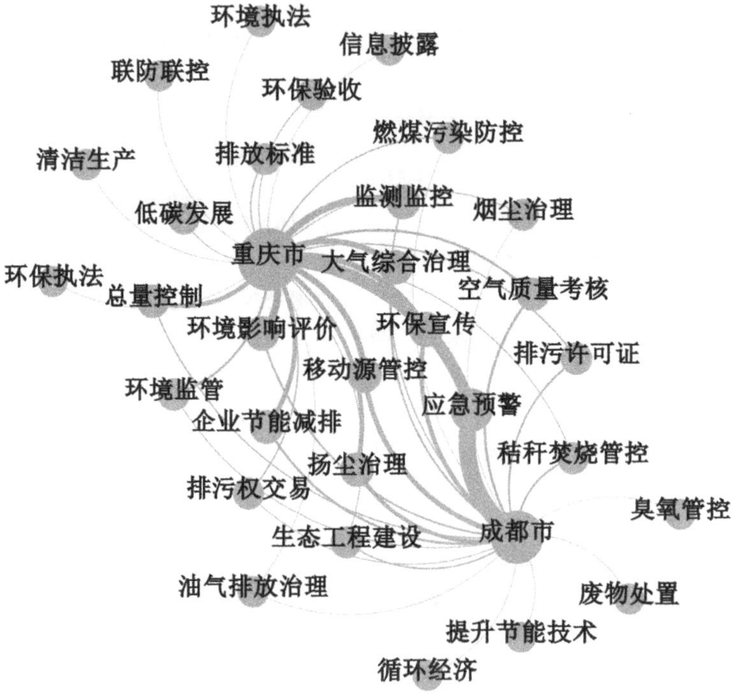

图 4-22　成渝地区政策分布网络图

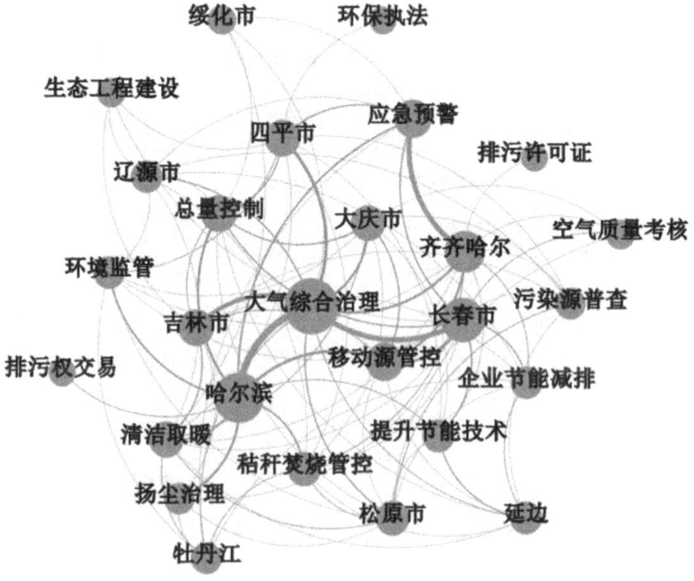

图 4-23　哈长城市群政策分布网络图

　　第二，有些区域政策措施集中在单一城市，具有明显的城市特征（图 4-24 至图 4-28）。例如，陕西中心城市群、长三角区域、珠三角区域、京津冀区域、武汉城市群存在明显的城市特征：陕西中心城市群以西安市的防控为主；长三角区域中上海市涉及绝大部分政策措施，防控力度远高于其他城市；珠三角区域中深圳市的防控更为全面；京津冀区域以北京市和天津市的防控为主；武汉城市群中武汉市的防控措施较全面。

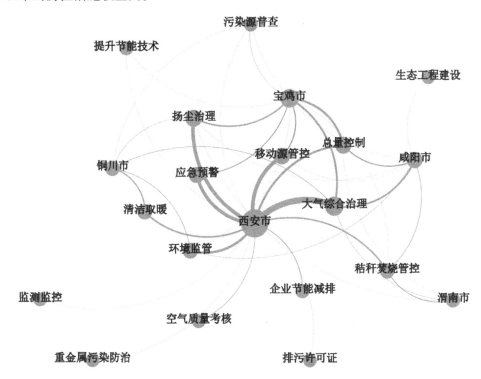

图 4-24　陕西中心城市群政策分布网络图

　　在上述区域中，大气污染的政策防控分为两组，即核心防控城市与边缘防控城市。这主要是城市间的经济发展不平衡所致。例如，京津冀及其周边地区中，由于北京市具有独特的经济与政治地位，它不仅是全国的政治文化中心，也在大气污染防治中处于核心位置。核心城市不论是在防控的全面性方面还是防控的强度方面都远远高于其他地区。核心城市不仅需要在经济发展方面带动边缘城市，在大气防治方面也需要发挥带头作用，促进其他边缘城市的大气污染防治。

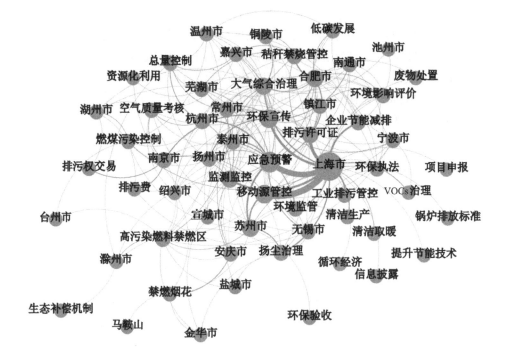

图 4-25　长三角区域政策分布网络图

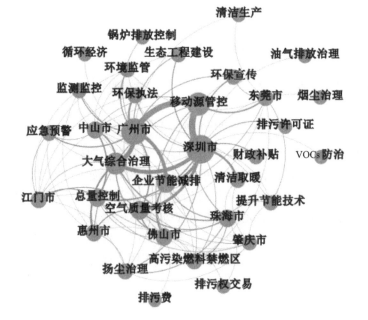

图 4-26　珠三角区域政策分布网络图

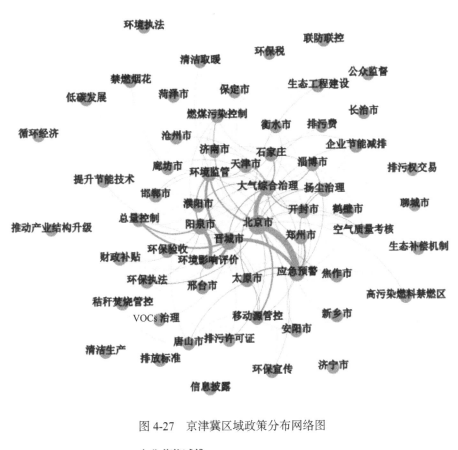

图 4-27　京津冀区域政策分布网络图

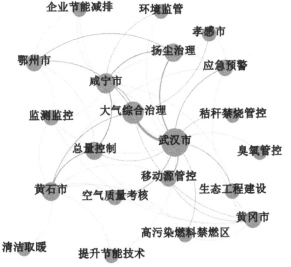

图 4-28　武汉城市群政策分布网络图

2. 由于区域间经济水平、受污染程度等方面的差异，不同区域的防控重点不同（图 4-29）

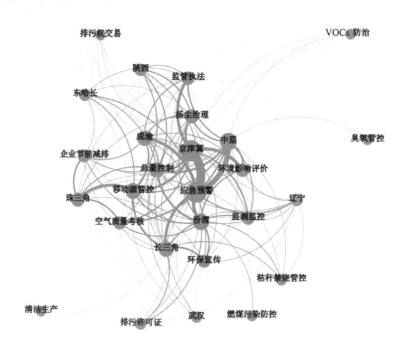

图 4-29　十大区域大气污染联防联控政策措施分布网络图

从区域联防联控政策执行情况来看，京津冀、长三角、珠三角、中原城市群和汾渭平原处于网络图的核心位置，说明这些区域走在大气污染联防联控治理前列。具体来看，京津冀与"燃煤污染防控""移动源管控""空气质量考核""环境影响评价"等关键词联系紧密，说明京津冀及周边地区的大气污染防治较为全面，防治重点是移动源污染和燃煤污染；相对于其他防治地区长三角地区对秸秆的处置利用与排污许可证的发行较为关注，同时重视移动源管控；珠三角地区主要侧重于企业节能减排、空气质量考核、移动源管控等方面；中原城市群关注空气质量考核、环境影响评价等方面；汾渭平原相较于其他地区更加关注燃煤污染防控与排污许可证，同时也涉及秸秆焚烧管控、企业节能减排、移动源管控等方面。成渝地区、辽宁城市群、哈长城市群、陕西中部城市群、武汉城市群远离网络中心。具体来看，成渝地区与辽宁城市群这两个区域的防治内容较为相似，关注秸秆焚烧管控与企业节能减排；哈长城市群和陕西中部城市群防治内容较为相似，关注移动源管控与企业节能减排等方面；武汉城市群在上述方面均有涉及。

　　区域防控的差异性取决于区域发展特点。受能源禀赋、供暖、产业发展等影响,我国北方与西方地区煤炭产量与消费的占比较高(魏楚等,2017),大气污染的区域防控均涉及燃煤污染控制;而东北地区的辽宁城市群、西南地区的成渝城市群及长三角地区是我国主要的农作物产地,秸秆资源较为丰富,因此这些区域主要关注秸秆禁烧管控。其次,由于大气污染的严重性,各区域均展开了重污染天气应急预警,并进一步针对扬尘污染、移动源污染及企业污染排放等加强管控。各区域可在上述防控方面进一步加强大气污染的区域联防联控。

　　此外,不同区域中部分防治措施有待进一步加强。挥发性有机污染物与臭氧是雾霾形成的重要前提物,为强化重点地区、重点行业、重点污染物的减排,遏制臭氧上升势头,促进环境空气质量持续改善,在2017年中央多部门联合颁布了《“十三五”挥发性有机物污染防治工作方案》。VOCs 与臭氧防治还处于起步阶段,京津冀地区、成渝地区、辽宁城市群、哈长城市群、陕西中部城市群、武汉城市群等均需要提高对 VOCs 污染、臭氧污染防治的重视程度。并且我国的排污权交易制度在2015年之前基本处于试点阶段,直到2017年底才基本建立排污权有偿使用和交易制度,为全面推行排污权有偿使用和交易制度奠定基础。各重点区域应加强对以清洁生产为基础的排污权交易措施的重视。

4.3.2　十大重点区域联防联控政策的建议

　　(1)各区域可以围绕各自的防控重点,如“应急预警”“监测监控”“移动源管控”等方面开展区域政策整合,并将经济激励型措施,如补偿机制、排污权交易等纳入考虑。

　　不同区域的政策防控呈现出一定的异质性。例如,京津冀及其周边较为强调燃煤污染防控,汾渭平原、长三角地区政策较为关注秸秆禁烧管控,但也呈现出利益协调不够的共性问题。各区域在“排污权交易”“生态补偿机制”“财政补贴”等方面的政策数量均较少。

　　(2)区域防控应发挥核心城市的带头作用,促进其他边缘城市的大气污染防治,并根据城市之间政策防控的相似性进行政策整合。

　　这些重点防控内容没有在区域内所有城市普及,城市主体间政策联系也具有一定差异。例如,在东哈长城市群中,长春市、延边市在企业节能减排、提升节能减排技术、移动源管控等方面相似度较高;大庆、松原、牡丹江等市在秸秆禁烧、监测监控、清洁取暖等方面相似度较高,是政策整合的可行性方向。

4.4 本 章 小 结

采用扎根理论、无监督机器学习和社会网络分析方法,本章对四大结构调整政策及十大重点区域联防联控政策相关的文本进行了分析。在四大结构调整政策中,本章分析了产业结构、能源结构、运输结构和用地结构调整政策的演变特征,并对比了中央和地方政策特征的异同,识别了政府的政策偏好;在十大重点区域联防联控政策分析中,通过对比分析,发掘了各地区的政策重点和盲区。本章的研究结论为避免政策设计的重复化和低效化,优化政策设计提供了科学依据。

第5章 基于"准实验"设计的环境政策效果评估及应用

前文提出的对比分析、扎根理论和政策特征识别方法可从整体上（宏观层面）全面分析环境治理的现状，并为制度的改进指明具体方向，而制度的落实与完善需要各项具体政策的有效实施作为保障。定量评估各项环境政策的效果是优化设计现有政策、制定未来政策方向的科学依据。因此，本章提出基于"准实验"设计的环境政策效果评估方法体系，明确各种方法的基本原理和适用条件，旨在为环境政策评估提供好用、易用、管用的方法工具。

5.1 "准实验"设计方法介绍

目前研究应用的政策评估方法主要是基于自底向上模型，通过耦合排放清单与大气化学传输等模型，分析政策实施后或预测政策带来的空气污染物浓度变化，进而实现技术、标准等政策空气质量改善效果的评估。例如，中国科学院"大气灰霾追因与控制"专项总体组（2015）对《大气污染防治行动计划》实施以来京津冀 $PM_{2.5}$ 控制效果进行评估；刘建国等（2015）对 APEC 前后京津冀区域灰霾控制措施进行评估；薛文博等（2015）及武卫玲等（2019）分别对《大气污染防治行动计划》实施效果及环境健康效益进行评估。但该模型需要的精细化活动水平变化的微观数据往往难以获得，且由于政策实施对象、实施过程、实施时机等的差异，以及经济环境、时间趋势等复杂外部因素影响，自底向上模型难以评估考虑异质性条件下的政策效果，并对政策效果的差异性做出准确解释。例如，在进行大气相关政策评估时，大气污染除直接受到政策管控以外，也与气象、产业、能源结构等因素直接相关。因此，空气质量的改善可能是由污染物易于扩散的气象条件所致，也可能是由产业、能源结构的变动和优化所致，不能完全归因于大气污染防治政策的实施。这些内生性因素难以穷尽甚至难以测量，导致大气污染防治政策评估产生偏误，从而无法精准量化政策的空气质量改善效果，难以对完善相关政策，提高政策的科学性、准确性发挥支撑作用。

为了克服或减弱内生性的影响，基于"准实验"方法的计量经济模型近年来被广泛用于环境政策的效果评估。该类模型以地区经济水平、产业结构等宏观因素作为控制变量，剔除了宏观因素对政策效果的影响，并可准确刻画政策实施对象、实施时间、实施地区等异质性因素的影响，弥补了基于自底向上模型的不足。本章通过"准实验"设计的思路尽可能多地控制难以观测的因素，提出应用 PSM 模型、双重差分模型、断点回归设计（regression discontinuity design，RDD）及固定效应（fixed effects，FE）模型等，估计大气污染防治政策的空气质量改善效果。

5.1.1　基于 PSM 模型的效果评估

匹配方法是利用"准实验"思路评估政策效果的基础。匹配的基本原理是根据地区的背景特征，在同一时间段将政策实施地区（实验组）与未实施地区（对照组）匹配，通过基于观察到的协变量的实验组和对照组的预测概率来创建一个反事实组（Heckman et al.，2010），进而使得匹配过后的个体除了是否接受"政策处理"外并无显著差异，在一定程度上缓解自选择偏误。然而，个体的协变量集是多维度的，需要引入倾向得分值将个体按照多维度协变量集进行匹配。倾向得分值按照协变量集计算个体进入处理组的概率，这就使得多维协变量集被降到一维变量的层面，进而通过特定的匹配法则将倾向得分值接近的个体进行匹配，重构控制组和处理组。最后，在完成平衡性检验后，就可以评估政策实施的影响效应。

1. PSM 方法在环境政策评估领域被广泛应用

例如，Hamilton 和 Wichman（2018）使用 PSM 匹配了共享单车进入的地区和未进入地区，进而估计了共享单车与华盛顿市区交通拥堵的因果关系；Feng 等（2020）为评估低碳试点城市对碳强度的影响，使用 PSM 应用社会经济和能源数据作为匹配变量对低碳试点城市与非试点城市进行了核匹配，进而保证了实验组与对照组样本的平衡；徐大伟和李斌（2015）应用 PSM 方法通过匹配区域生态补偿组与非补偿组的生态绩效评估了区域生态补偿绩效政策的影响。各地区的大气污染排放存在产业发展与政策防控差异，PSM 方法可以通过匹配具有相似"背景值"的组别，进而剔除这种差异性的影响，为后续评估某项或多项政策实施效果提供了基础（图 5-1）。

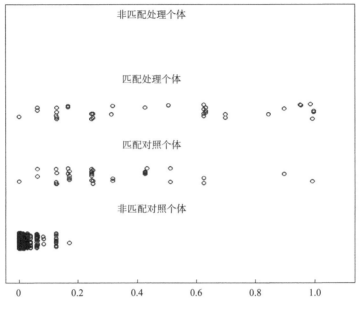

图 5-1　PSM 基本原理

2. PSM 的适用条件

PSM 的适用条件主要包括以下两个假定：①条件独立假设（conditional independent assumption，CIA），给定协变量，潜在结果独立于处理变量（刘玮辰等，2021）。②共同支撑假设（common support assumption），也称为"重叠假设"（overlap assumption），即处理组与控制组有足够多的、相似的协变量（Cameron and Trivedi，2005）。条件独立假设是匹配方法适用的前提，共同支撑假设是对数据的最低要求，还需满足平衡性假设。需要注意的是，PSM 仅仅可以消除可观测变量带来的偏误，而不能消除不可观测变量带来的偏误（刘玮辰等，2021）。

为了保证控制组与处理组的相似性，PSM 必须尽可能包括所有对空气质量产生影响的因素。并且这些影响因素越全面，大气污染政策效果的评估也越准确，其中任何关键因素的缺失均会导致估计的偏误。

PSM 保证了处理组与对照组构建的有效性。匹配有效性主要体现在消除处理组与对照组在协变量层面的较大差异上。例如，姚东旻和朱泳奕（2019）在财政补贴政策的评估中，通过 PSM 将得分相近的企业匹配在一起，剔除未能找到匹配对象的企业之后，使得处理组与对照组群体协变量差异较小，为处理组找到了相类似的对照组；同样在排污费征收的政策评估中，胡宗义等（2019）使用广义 PSM 方法将征收强度较高的企业与征收强度较低的企业进行匹配，消除差异。匹配之后处理组与对照组在各个维度的协变量差异性都大幅度减少，部分变量甚至完全无差异，可以进一步使用双重差分等方法估计。PSM 方法的应用如表 5-1 所示。

表5-1　PSM方法的应用

政策名称	处理组	控制组	研究结论
财政补贴政策	获得补贴的企业	未获得补贴的企业	财政补贴能够显著促进企业的创新投入，对于私人企业、东部和西部企业、非高新企业的研发投入促进效果更为显著
排污费征收政策	排污费强度较高的企业	排污费征收强度较低的企业	随着排污征费强度的提升，绿色全要素生产率呈先下降后上升的趋势

3. PSM 方法的四种常见方法

PSM 方法的四种常见方法分别为最邻近匹配（nearest neighbor matching）方法、半径匹配（radius matching）法、分层匹配（stratification matching）法和核匹配（kernal matching）法。

（1）最邻近匹配方法将处理组的研究对象随机排序，然后从处理组的第一个研究对象开始，为其在对照组寻找一个倾向得分值差异最小的个体作为匹配对象，直到所有处理组均在对照组找到匹配对象（刘玮辰等，2021）。最邻近匹配方法的优点是所有处理个体都会配对成功，处理组的信息得以充分使用；缺点是不舍弃任何一个处理组，很可能有些配对组的倾向得分差距很大，导致配对质量不高。

（2）半径匹配法是事先设定半径，只有当不同组间个体的倾向性评分值之差小于或等于半径值时才允许匹配。随着半径的降低，匹配的要求越来越严。

（3）分层匹配法是根据估计的倾向得分将全部样本分块，使每块的平均倾向得分在处理组和控制组中相等。优点是五个区就可以消除 95%的与协变量相关的偏差，这个方法考虑了样本的分层问题或聚类问题，假定每一层内的个体样本具有相关性，而各层之间的样本不具有相关性。分层匹配法的缺点是如果在每个区内都找不到对照个体，那么这类个体的信息会丢弃不用，导致总体配对的数量减少。

（4）核匹配方法是比较常用的方法，通过构造一个虚拟对象来匹配处理组，构造的原则是对现有的控制变量做权重平均，权重的取值与处理组、控制组匹配值差距呈反向相关关系。

5.1.2　基于双重差分模型的效果评估

政策效果评估受到许多因素的干扰，双重差分通过两次差分可以剔除这些影响因素，得到某项政策的"纯效应"。其基本思想是将公共政策视为一个自然实验，为了评估出一项政策实施所带来的净影响，将全部的样本数据分为两组：一组受到政策影响，即处理组；另一组没有受到同一政策影响，即控制组。选取一个要考量的经济个体指标，根据政策实施前后（时间）进行第一次差分得到两组变化量，经过第一次差分可以消除个体不随时间变化的异质性，再对两组变化量进行第二次差分，以消除随时间变化的增量，最终得到政策实施的净效应（李文钊和徐文，2022），如图 5-2 所示。

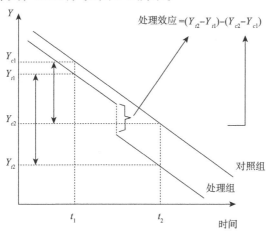

图 5-2　双重差分基本原理

双重差分模型的核心是构造双重差分估计量（DID estimator），通过对单纯前后比较（处理前 VS 处理后）和单纯截面比较（处理组 VS 对照组）的结合（叶芳和王燕，2013），得到如下公式：

$$d_{ID} = \overline{Y}_{\text{treatment}} - \overline{Y}_{\text{control}} = (\overline{Y}_{\text{treatment},t1} - \overline{Y}_{\text{treatment},t0}) - (a\overline{Y}_{\text{control},t1} - \overline{Y}_{\text{control},t0})$$

其中，d 为双重差分估计量；Y 为研究的被解释变量，右侧脚标中 treatment 和 control 分别代表处理组和对照组，t_0 和 t_1 分别代表处理前和处理后。构造了差分估计量之后，要根据不同的数据类型和不同的被解释变量 Y，分别选用相应的参数检验方法来进行建模。双重差分模型的基本模型为

$$y_{it} = \beta_0 + \beta_1 D_{it} + \beta_2 T_{it} + \beta_3 (D_{it} \times T_{it}) + \sum_k \beta_k X_{kit} + \varepsilon_{it} \quad （5\text{-}1）$$

其中，D_{it} 为政策虚拟变量；T_{it} 为时间虚拟变量；$D_{it} \times T_{it}$ 交互项的系数 β_3 即双重差分估计量；$\sum\limits_k \beta_k X_{kit}$ 为一系列控制变量；ε_{it} 为暂时性冲击（transitory shock）。

为了得到一致性估计，双重差分需要满足以下三个条件（胡日东和林明裕，2018）：①平行趋势条件，即处理组和控制组在没有政策干预的情况下，结果效应的趋势是一样的，也可以说在政策干预之前，处理组和控制组的结果效应的趋势是一样的。②SUTVA（stable unit treatment value assumption，个体处理稳定性假设）条件，政策干预只影响处理组，不会对控制组产生交互影响，或者政策干预不会产生外溢效应，要求单个干预政策。③线性形式条件，潜在结果变量同处理变量和时间变量满足线性关系。

上述假设条件决定了双重差分使用的主要特征为对照组与控制组的相似性及单一的干扰因素。这就要求在利用双重差分识别因果效应时，对照组应现实存在，并且除了某一政策干扰，对照组与处理组再无异质性。因此，我们一般首先使用 PSM 确保平行趋势，然后使用双重差分估计一项政策的实施效果。

近年来双重差分模型被广泛用于环境政策效果评估研究。例如，Beland 和 Oloomi（2019）使用双重差分模型剔除了环境规制、企业生产等因素，探究了墨西哥湾石油泄漏事件对 $PM_{2.5}$、NO_2、SO_2 等污染物浓度与婴儿健康的影响；Fu 和 Gu（2017）使用 2011 年和 2012 年中国 98 个城市的每日污染和天气数据，采用双重差分方法探究了高速公路通行费对空气污染的影响；Gehrsitz（2017）利用低排区政策措施在德国阶段性引入创建的自然实验，通过双重差分模型探究了低排区建设对空气质量和婴儿健康的影响；Carley 等（2018）使用双重差分模型探究了可再生能源投资组合标准的严格程度对可再生能源、太阳能发电和可再生能源产能的影响。在大气污染防治中，空气质量不但与当地的产业能源结构及气象因素有关，还与以往的防控措施有关，双重差分模型可以通过消除时间与空间的异质性，并将气象因素、能源经济等因素加入模型作为控制变量，进而准确识别某项政策实施后的减排效果。

大气污染防治的政策试点为双重差分评估提供了很好的样本基础。政策试点区分了实施政策的实验组与未实施政策的对照组（表5-2），如清洁取暖政策中，试点城市为京津冀及周边地区"2+26"城市；中央环保督察政策中，试点城市为四批次 49 个城市；生态补偿政策中，河北省试点地区为 134 个县（市、区）。其中，这些试点城市相当于双重差分中的实验组；具有相同或相似发展特征的未实施城市相当于对照组（未实施清洁取暖的 30 个城市及未被督察的 51 个城市），进而通过比较两组在政策实施前后的变化评价政策的减排效果。

表5-2　相关政策的双重差分模型应用

政策	实验组	对照组	研究结论
清洁取暖政策	以京津冀及周边地区为例的"2+26"城市	以京津冀及周边地区为例,非清洁取暖的 30 个城市	清洁取暖工程使得日均 AQI[1] 显著降低 6.5%,$PM_{2.5}$、PM_{10}、SO_2、NO_2 浓度分别降低 5.8%、10.1%、5.8% 和 11.5%
中央环保督察政策	49 个被督察城市	51 个相邻的未被督察城市	AQI 平均下降 11%;$PM_{2.5}$ 和 PM_{10} 的浓度分别下降 24.1% 和 21.2%;SO_2 和 NO_2 的浓度分别下降 11% 和 9.2%
生态补偿政策	134 个县(市、区)中受到资金惩罚或奖励的城市	未受到资金奖惩的城市	空气质量补偿办法使 SO_2 浓度平均下降 4.358μg/m³;使 PM_{10} 浓度平均下降 15.793μg/m³

1）air quality index，空气质量指数

5.1.3　基于断点回归模型的效果评估

与双重差分方法相似，断点回归设计也是一种比较常用的"准实验设计"方法，可以通过断点回归设计方法得到政策与环境质量改善间的因果效应。

1. 断点回归模型使用简介

上述基于"准实验"的方法均需要考虑随机性，寻找未经"政策处理"的对照组，断点回归可以在没有随机性的情况下识别出政策效果。Chen 等（2013）基于中国的淮河政策（该政策为淮河以北的居民通过烧煤取暖，而淮河以南的城市则没有取暖措施），通过断点回归的准实验设计探究了淮河政策对颗粒物浓度的影响；Ebenstein 等（2017）利用断点回归进一步估算了淮河政策对居民死亡率的影响；陈文和王晨宇（2021）应用断点回归方法研究了城市空气污染、金融发展与当地企业社会责任履行三者之间的关系，实证结果表明：空气污染会对上市公司社会责任履行产生显著的负向影响。对于非试点政策的推广实施，由于很难找到未实施的对照地区，断点回归不需要主观寻找对照组，避免了匹配时的遗漏变量问题。

断点回归设计是一种准自然实验，其基本思想是存在一个连续变量，该变量能决定个体在某一临界点两侧接受政策干预的概率，由于这一变量在该临界点两侧是连续的，因此个体针对这一变量的取值落入该临界点任意一侧是随机发生的，即不存在人为操控使得个体落入某一侧的概率更大，则在临界值附近构成了一个准自然实验（Cameron and Trivedi，2005）。一般将该连续变量称为分组变量。

2. 断点回归模型需满足的假设

（1）连续性假设。结果变量与驱动变量在所有点都连续。

（2）局部随机化假设。断点回归是在临界值附近构建准实验，因此需要界定"附近"的区域到底有多宽。如果这个区域太窄，则样本量很小，可能影响估计的精确度和统计推断力。如果这个区域太宽，则必须控制其他因素，以保证政策干预与否的可比性。断点回归是在一个临界值附近估算干预效应，而不是在整个定义域内估计平均的干预效应，因此这个估计值是局部平均干预效应（张羽，2013）。

（3）断点假设。根据干预分配原则，个体分配概率在临界值左右有跳跃存在断点。

（4）独立性假设。假设潜在结果 Y_{0i}，Y_{1i}，$D_{1i}(x)$，$D_{0i}(x)$ 在断点附近独立于参考变量 X_i。

（5）单调性假设。假设断点对所有个体的影响方向都是相同的。

3. 断点回归模型的估计方法

（1）边界非参数估计。即通过式（5-2）估计断点左右 h 范围内观测结果平均值之差。边界非参数回归收敛速度较慢，断点处的估计效果不理想。

$$\tau_{ATE}^{SRD} = E\left[Y_{1i} - Y_{0i} \middle| X_i = x_0\right] = \mu^+ - \mu^- \tag{5-2}$$

（2）局部线性回归估计。即在断点左右两边 h 范围内利用线性回归进行拟合，再利用回归调整参考变量不同而造成的可能偏差。

$$\min_{a_l, b_l} \sum_{i=1}^{N} \left(Y_i - a_l - b_l \times (X_i - x_0)\right)^2 \times \mathbf{1}(x_0 - h \leqslant X_i < x_0) \tag{5-3}$$

$$\min_{a_r, b_r} \sum_{i=1}^{N} \left(Y_i - a_r - b_r \times (X_i - x_0)\right)^2 \times \mathbf{1}(x_0 \leqslant X_i < x_0 + h) \tag{5-4}$$

估计上述两个方程得到的拟合值为

$$\hat{\mu}^+(x_0) = \hat{a}_r + \hat{b}_r(x_0 - x_0) = \hat{a}_r \tag{5-5}$$

$$\hat{\mu}^-(x_0) = \hat{a}_l + \hat{b}_l(x_0 - x_0) = \hat{a}_l \tag{5-6}$$

因此，断点回归估计量为 $\tau_{ATE}^{SRD} = \hat{\mu}^+(x_0) - \hat{\mu}^-(x_0) = \hat{a}_r - \hat{a}_l$。

（3）局部多项式回归。如果断点附近带宽较大时，局部多项式回归可以捕捉结果变量与参考变量之间高阶非线性关系，可以得到更好的拟合，降低估计偏差。

$$\min_{b_l} \sum_{i=1}^{N} \left(Y_i - b_l'x\right)^2 \times K\left(\frac{x_i}{h}\right) \quad (x_i < 0) \qquad (5\text{-}7)$$

$$\min_{b_r} \sum_{i=1}^{N} \left(Y_i - b_r'x\right)^2 \times K\left(\frac{x_i}{h}\right) \quad (x_i \geqslant 0) \qquad (5\text{-}8)$$

其中，$x_i = X_i - x_0$ 为标准化后的参考变量，临界点为 0，此时断点回归估计量为 $\tau_{ATE}^{SRD} = \hat{\mu}^+\left(x_0\right) - \hat{\mu}^-\left(x_0\right) = \hat{b}_{0r} - \hat{b}_{0l}$。

5.1.4　基于固定效应估计的效果评估

在建模过程中，由于个体效应和大量不可观测因素的影响，很难准确估计政策的效果，而固定效应模型可通过控制个体异质性与时间异质性，极大地降低遗漏变量的影响，进而准确估计环境政策的效果。

在评估不同政策措施的减排效果中，固定效应模型通过剔除个体异质性与时间异质性，极大地降低了遗漏变量的影响。如图 5-3 所示，可以观察到，相对于随机效应，固定效应的置信长度较短，随机"噪声"对其影响较小。此外，固定效应模型也可以用于评估多项政策综合减排效果及不同措施影响效果的对比。

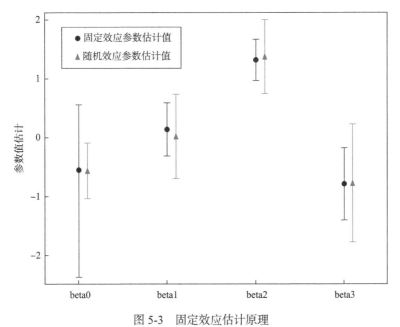

图 5-3　固定效应估计原理

以往基于"准实验"方法的政策效果评估研究中，多引入固定效应模型以剔除个体异质性与时间异质性，进而准确评估政策效果。例如，Carrion-Flores 等（2013）使用 1989～2004 年由 127 个美国制造业组成的面板数据，使用固定效应估计探究了自愿性减少污染计划对环境技术创新的影响；Brei 等（2016）使用面板数据，在控制海滩固定效应和年固定效应的基础上，构建空间估计参数探究了光污染对海龟种群的影响。在大气污染防控政策评估研究中，固定效应模型也常被应用。例如，Shen 等（2019）应用固定效应模型证实了农村取暖设施改造政策显著改善了农村居民的室内空气质量；Li 等（2018）通过加入地区固定效应研究了碳定价政策带来的空气质量改善的协同效果；Du 等（2021）在考虑地区效应和时间效应后，分析了大气污染联防联控政策力度对空气污染的影响，发现联防联控政策力度越强，地区污染物减排越大；Li 等（2021）考虑电厂个体效应和时间效应，检验了环保税对火电厂污染物排放的影响，发现火电厂污染物减排与环保税率呈倒 U 形关系。固定效应模型可通过剔除个体异质性与时间异质性，极大降低遗漏变量的影响，进而准确估计环境政策的效果。

固定效应估计的基本思想就是为每一个个体或时间点创造出一个名义变量：属于这个个体或时间点就为 1，不属于就为 0，然后将这一名义变量理解为个体特质或时间特质的综合。因此，在回归中相当于剔除了每个个体的组间差异，只留下组内差异，从而得到准确的估计结果。因此，固定效应估计针对的是组内估计，"固定"的意义在于这些个体（组）是固定的，不是随机挑选的。

固定效应估计的基本假设包括：①外生性。这是一个非常强的假定，即扰动项必须与各期的解释变量不相关，而不仅仅是当期的解释变量。在估计长面板时要考虑这一问题，检验组内自相关。②时间效应相等。每期的时间效应相等，这也是一个比较强的假定，不太可能成立。尤其是在政策评估中，政策措施具有长期效应，后期效果是前期效应的累加。可以在模型中引入时间虚拟变量，度量每个时间点的时间效应。

固定效应估计可用于评估综合政策效果。一定区域的大气污染防治往往是多种政策措施综合实施的效果，评估时难以排除当地经济发展与能源结构等潜在影响。因此，通过添加固定效应可以避免这部分因素的影响。例如，从环境政策中提取构建公众参与指标，通过控制固定效应可以评估全国各省份的公众参与的影响作用；对于所有节能减排政策也可构建相应政策指标，在控制省份固定效应和时间固定效应后，评估所有相关政策的综合减排效果；同样对于税收分享政策，在控制固定效应后，既可以评估其总体减排效果，又可分区域进行评估。其中，省份、城市等固定效应可以控制各地区经济、政治、文化等潜在特征因素；时间固定效应可以控制不同时间点意外"冲击"的影响，如爆炸、污染超标等各种突发事件。

固定效应估计应用范围更广，既可以使用虚拟变量回归，也可以构建政策规制强度指标评估其减排效果。在使用过程中需要注意尽可能地控制个体与时间的共性因素,否则将会造成遗漏变量问题,导致估计不准确,无法反映减排的平均水平。

　　本章将构建具有普适性的环境政策评估模型,可根据不同政策的实施范围、数据特点等特征应用不同的评估模型进行政策的环境改善效果及成本效益等方面的综合评估。表 5-3 列出了应用本章构建的评估模型评估规划、标准、监测和防治相关方面的政策,包括清洁取暖政策的空气质量改善效果及成本效益分析,环境税、京津冀生态补偿制度、中央生态环境保护督察财政分权和纵向转移支付等制度政策的空气质量改善效果或污染物浓度下降效果;同时应用上述评估模型还可实现多政策共同效果的评估,如评估 15 项大气相关政策的单独作用效果及政策共同作用效果,评估命令控制型、公众参与型等多类型大气政策的效果。

表5-3　环境政策评估清单

方法	评估政策	评估效果	主要结果	政策类型
双重差分模型	京津冀生态补偿制度	空气质量改善	补偿资金惩罚改善空气质量; 补偿资金奖励没有显著改善空气质量的效果。	规划-补偿政策
	中央生态环境保护督察	空气质量改善	环保督察使得空气质量显著改善 9.2%~24.1%; 随着督察时间的推进,空气质量改善效果增强。	监测-监管政策
	清洁取暖	空气质量改善	清洁取暖使空气质量显著改善 5%~12%,每月空气质量达标天数增加 1.4 天; 清洁取暖补贴使空气污染额外下降 1%~5%。	防治-能源政策
	多类大气政策组合	空气质量改善	同类型政策同时实施空气质量改善效果相互削弱; 不同类型政策同时实施有额外增强效果; 各区域政策改善效果存在异质性。	综合型政策
	大气污染联防联控政策	污染物浓度下降	政府的政策偏好与减排效果出现显著偏差; 命令控制型政策对污染物浓度的改善效果最显著; 公众参与型政策颁布主体的层级比政策发布数量在减排方面更起作用。	
空间计量模型	环境规制水平	污染物浓度下降	环境规制显著降低京津冀、长三角、珠三角区域PM$_{2.5}$浓度; 污染物由高环境规制水平地区溢出至低环境规制水平地区。	综合型政策
虚拟变量回归模型	环境税	污染物排放量	环境税率较低时税增加对于污染物减排效果增大; 高税率时环保税的减排效果并不显著。	规划-补偿政策

　　此外,政策评估模型还可用于多项交通类、能源结构调整类、标准类等政策的环境效果评估,如蓝天保卫战量化问责规定监管制度、新能源汽车推广政策、京津冀机动车和非道路移动机械排放污染防治条例、推进运输结构调整三年行动计划、重型商用车排放标准、环保监察等政策效果评估。

5.2　基于双重差分模型评估清洁取暖政策效果

2016 年 12 月 21 日，在中央财经领导小组第十四次会议上，习近平总书记明确指出，推进北方地区冬季清洁取暖，关系北方地区广大群众温暖过冬，关系雾霾天能不能减少，是能源生产和消费革命、农村生活方式革命的重要内容[1]。2017 年 12 月，《北方地区冬季清洁取暖规划（2017—2021 年）》开始在 "2+26" 试点城市实施，清洁取暖方案主要包括清洁取暖补贴、"煤改气"、"煤改电" 等措施。为量化评估清洁取暖的空气质量改善效果，进而为政策的推广和改进提建议，本节应用 PSM 和双重差分模型，对清洁取暖政策所致的空气质量改善效果进行评估。

5.2.1　数据与模型

本节选取 "2+26" 城市作为实验组，选取河北、山东、山西、河南各省中非清洁取暖城市的 30 个城市作为对照组进行研究。主要模型如下：

$$\text{ap}_{ij} = \beta_0 + \beta_1 \text{During}_{ij} + \beta_2 \text{Trt}_i + \beta_3 \text{During}_{ij} \times \text{Trt}_i + \beta_4 X_{ij} + v_{ij} + \varepsilon_{ij} \qquad (5\text{-}9)$$

其中，ap_{ij} 表示城市 i 在 j 日的空气污染情况，包括五个不同的因变量：AQI、$PM_{2.5}$、PM_{10}、SO_2、NO_2 浓度；虚拟变量 During_{ij} 表示 j 天是否处于清洁取暖期间；虚拟变量 Trt_i 反映城市 i 是否属于清洁取暖试点城市；β_3 为交互项的系数，反映清洁取暖政策对污染物的作用效果；X_{ij} 作为控制变量，包括天气特征和社会经济因素；v_{ij} 表示个体固定效应和时间固定效应；ε_{ij} 为随机误差项。

为了识别中央财政补贴对清洁取暖大气污染减排的影响，本节构建双重差分模型（5-10），通过对比有补贴和无补贴的清洁供热城市的空气质量改善效果，识别补贴效果。

$$\text{AirPollutant}_{ij} = \lambda_0 + \lambda_1 \text{During\_subsidy}_{ij} \times \text{Subsidy}_{ij} + \lambda_2 \text{Subsidyamount}_{ij} + \lambda_3 X_{ij} + \tau_{ij} + \zeta_{ij} \qquad (5\text{-}10)$$

---

[1] 新华社. 中央财经领导小组第十四次会议召开[EB/OL]. http://www.gov.cn/xinwen/2016-12/21/content_5151201.htm, 2016-12-21.

其中，自变量与模型（5-9）中的自变量相同，因变量 During_subsidy$_{ij}$ 表示 j 日是否在财政补贴 Subsidy$_{ij}$ 期间。Subsidy$_{ij}$ 表示一个虚拟变量，如果城市 i 是 12 个可以接受中央财政补贴的试点城市之一，则值为 1；如果城市没有接受补贴，则值为 0。Subsidyamount$_{ij}$ 表示城市 i 在 j 日可以得到的财政补贴金额。此外，加入了固定效应 τ_{ij}，包括个体固定效应和时间固定效应。交乘项系数 λ_1 衡量清洁取暖补贴政策对城市空气质量改善方面的作用效果。

5.2.2 结果与讨论

本小节主要报告清洁取暖政策的空气质量改善效果，并进行相应的分析与讨论。

1. 城市日度空气质量改善效果评估

基于模型（5-9），表 5-4 反映了清洁取暖政策对日度空气污染物作用效果，在控制可能影响污染物的天气等因素的情况下，AQI、PM$_{2.5}$、PM$_{10}$、NO$_2$ 和 SO$_2$ 五个因变量的双重差分估计量系数均显著为负，表明相对于未实施清洁取暖的城市，"2+26"城市的空气污染已全部显著降低。回归（1）～（5）结果表明：城市 AQI 下降 6.5%，PM$_{2.5}$、PM$_{10}$ 浓度分别降低 5.8%（6.93 μg/m^3）和 10.1%（17.48 μg/m^3），NO$_2$、SO$_2$ 浓度分别下降 5.8%（2.37 mg/m^3）和 11.5%（12.02 mg/m^3）。清洁取暖政策对改善日度空气质量，减少空气污染物有显著效果。

表5-4 清洁取暖政策对日度空气污染物作用效果

变量	AQI（1）	PM$_{2.5}$（2）	PM$_{10}$（3）	NO$_2$（4）	SO$_2$（5）
During×Trt	−0.065*** （−7.55）	−0.058*** （−5.30）	−0.101*** （−10.45）	−0.058*** （−8.02）	−0.115*** （−11.39）
During	−0.079*** （−5.34）	−0.089*** （−4.74）	−0.086*** （−5.15）	−0.145*** （−11.49）	−0.957*** （−52.56）
Trt	0.001 （0.02）	−0.054 （−1.52）	−0.288*** （−9.37）	0.480*** （21.84）	−1.199*** （−36.70）
城市固定效应	Yes	Yes	Yes	Yes	Yes
日度固定效应	Yes	Yes	Yes	Yes	Yes
常数项	3.958*** （174.26）	3.286*** （116.29）	4.223*** （170.42）	3.476*** （178.04）	4.402*** （165.14）

续表

变量	AQI（1）	PM$_{2.5}$（2）	PM$_{10}$（3）	NO$_2$（4）	SO$_2$（5）
观测值	35 090	35 090	35 090	35 090	35 090
R^2	0.416	0.477	0.396	0.500	0.633

***$p<0.01$

2. 清洁取暖政策对各省不同污染物改善效果评估

为研究清洁取暖政策在河北、山东、山西、河南等省份的作用效果，分别选择四省所有城市为研究样本，构建双重差分模型。研究结果表明：与非试点城市相比，清洁取暖政策实施后，四省全部试点城市的 AQI 及污染物均显著下降（表5-5）。但由于各省空气质量基础不同，产业结构、气象条件、地理位置等因素存在差异，清洁取暖政策对各省不同空气污染物的改善效果不同。整体来看，山西省空气质量及空气污染物改善效果最佳，其中 AQI 降低 13.7%，PM$_{10}$ 减少 22.1%，SO$_2$ 排放量减少 33.5%。根据《山西省冬季清洁取暖实施方案》的要求，到 2021 年，全省城乡建筑取暖总面积约 15.7 亿平方米，清洁取暖率达到 75%左右，全省清洁燃煤集中供暖面积达到 8.6 亿平方米，占比 73%。2021 年基本形成以清洁燃煤集中供热、工业余热为基础热源，以天然气低氮燃烧区域锅炉房为调峰，以天然气分布式锅炉、壁挂炉、生物质、电能、地热、太阳能、洁净型煤等为补充的供热方式。山西省以煤为主的能源结构，导致火电厂、热电厂 SO$_2$ 排放量较大。清洁取暖实施前，山西省试点城市的 SO$_2$ 均值居四省首位，为 101，说明山西省 SO$_2$ 减排潜力较大。在清洁取暖实施过程中，20 吨以下燃煤锅炉清零行动、200 蒸吨燃煤采暖锅炉清洁能源替代、清洁取暖替代散煤燃烧等措施，对于山西省 SO$_2$ 减排十分有效，实现 SO$_2$ 排放量降低 33.5%。清洁取暖工程对河北省 PM$_{2.5}$ 的改善效果最佳，降幅达到 10.4%。根据河北省污染物排放源解析结果，石家庄、保定、唐山等市以冶金、石化、建材等行业及燃煤锅炉对 PM$_{2.5}$ 的影响最大。清洁取暖工程实施以来，各试点城市积极推进燃煤锅炉取缔、改造，同时推进造纸、冶金、石化等污染企业的迁出、改造等工程，对 PM$_{2.5}$ 的治理效果显著。

表5-5　各省清洁取暖效果评估

变量	AQI（1）	PM$_{2.5}$（2）	PM$_{10}$（3）	NO$_2$（4）	SO$_2$（5）
样本 1：河北省					
During×Clean heating	−0.120*** （−5.77）	−0.104*** （−3.93）	−0.126*** （−4.94）	−0.081*** （−4.37）	−0.129*** （−5.24）
R^2	0.583	0.631	0.571	0.616	0.578

续表

变量	AQI（1）	PM$_{2.5}$（2）	PM$_{10}$（3）	NO$_2$（4）	SO$_2$（5）
	样本 2：河南省				
During×Clean heating	−0.093*** （−2.84）	−0.092*** （−2.71）	−0.043*** （−2.62）	−0.116*** （−9.65）	−0.045*** （−1.87）
R^2	0.377	0.439	0.317	0.489	0.650
	样本 3：山东省				
During×Clean heating	−0.052*** （−3.41）	−0.048** （−2.43）	−0.054*** （−3.29）	−0.013* （−1.00）	−0.134*** （−8.48）
R^2	0.448	0.477	0.471	0.501	0.667
	样本 4：山西省				
During×Clean heating	−0.137*** （−7.00）	−0.095*** （−3.72）	−0.221*** （−9.88）	−0.064*** （−3.77）	−0.335*** （−12.65）
R^2	0.386	0.456	0.358	0.493	0.472

***$p<0.01$；**$p<0.05$；*$p<0.1$

注：括号内为 t 统计量

3. 清洁取暖补贴的空气质量改善效果评估

在表 5-6 的样本 1 中，通过 12 个有补贴的清洁供热城市与其他 16 个无补贴的清洁供热城市的减排效果对比，得出补贴政策在清洁取暖中的作用。

表5-6　清洁取暖补贴对空气污染的影响

变量	AQI（1）	PM$_{2.5}$（2）	PM$_{10}$（3）	NO$_2$（4）	SO$_2$（5）
	样本 1：16 个无补贴的清洁取暖城市为对照组				
During_subsidy×Trt_ subsidy	−0.027** （−2.06）	−0.049*** （−2.84）	−0.024 （−1.61）	−0.046*** （−2.67）	−0.009 （−0.57）
During_subsidy	−0.121*** （−5.80）	−0.097*** （−3.58）	−0.183*** （−7.86）	−0.235*** （−13.67）	−0.964*** （−35.68）
Trt_subsidy	0.243*** （3.71）	0.487*** （6.02）	0.364*** （4.95）	0.373*** （6.11）	1.417*** （18.75）
Subsidyamount	−0.014 （−1.37）	−0.035*** （−2.89）	0.012 （1.05）	−0.049*** （−5.34）	−0.014 （−1.24）
观测值	16 819	16 819	16 819	16 819	16 819
R^2	0.439	0.488	0.413	0.444	0.630
	样本 2：30 个非清洁取暖城市为对照组				
During_subsidy×Trt_ subsidy	−0.113*** （−9.54）	−0.111*** （−7.25）	−0.146*** （−10.95）	−0.077*** （−7.77）	−0.147*** （−10.40）

续表

变量	AQI（1）	PM$_{2.5}$（2）	PM$_{10}$（3）	NO$_2$（4）	SO$_2$（5）
样本 2：30 个非清洁取暖城市为对照组					
During_subsidy	−0.084***	−0.083***	−0.101***	−0.093***	−0.991***
	（−5.00）	（−3.87）	（−5.34）	（−6.40）	（−45.82）
Trt_subsidy	0.309***	0.373***	0.684***	0.145***	0.977***
	（5.09）	（4.97）	（10.10）	（3.03）	（14.09）
Subsidyamount	−0.023***	−0.027***	−0.077***	0.053***	−0.124***
	（−3.30）	（−3.04）	（−9.67）	（9.97）	（−15.09）
观测值	25 110	25 104	25 104	25 094	25 094
R^2	0.426	0.497	0.402	0.528	0.630

***$p<0.01$；**$p<0.05$

结果表明：补贴使清洁取暖城市的 AQI 进一步降低了 2.7%，PM$_{2.5}$、PM$_{10}$、NO$_2$ 和 SO$_2$ 进一步降低了 0.9%～4.9%。有补贴的清洁供热城市大气污染减排量是无补贴的清洁供热城市的 1.4～1.9 倍。在样本 2 中，选取 30 个没有清洁取暖的城市作为对照组，估算补贴及清洁取暖的组合效果。与之前的结果相比，研究发现补贴及清洁取暖的组合效果大于清洁取暖政策的单独效果。

补贴对不同的大气污染物减排作用效果不同。中央财政对于不同城市的补贴依照其行政等级划分，直辖市每年补助 10 亿元，省会城市和地级城市的补贴分别为 7 亿元和 5 亿元。但补贴最多的城市的污染物控制效果并不总是最好的，课题组估计了 12 个补贴清洁供热城市的空气污染补贴弹性（表 5-7）。

表5-7　污染物的补贴弹性

变量	（1）	（2）	（3）	（4）
样本 1：因变量：log（AQI）				
Subsidyamount	−0.424***	−0.172***	−0.176***	−0.232***
	（−5.15）	（−2.92）	（−2.98）	（−3.50）
R^2	0.042	0.489	0.493	0.371
样本 2：因变量：log（PM$_{2.5}$）				
Subsidyamount	−0.567***	−0.208***	−0.212***	−0.289***
	（−5.33）	（−2.82）	（−2.88）	（−3.48）
R^2	0.163	0.551	0.553	0.449
样本 3：因变量：log（PM$_{10}$）				
Subsidyamount	−0.934***	−0.629***	−0.632***	−0.688***
	（−11.20）	（−9.44）	（−9.47）	（−9.13）
R^2	0.164	0.447	0.449	0.318

续表

变量	（1）	（2）	（3）	（4）
	样本 4：因变量：log（NO₂）			
Subsidyamount	0.082 （1.37）	0.434*** （9.48）	0.442*** （9.85）	0.385*** （8.10）
R^2	0.180	0.477	0.494	0.401
	样本 5：因变量：log（SO₂）			
Subsidyamount	−1.402*** （−18.38）	−0.950*** （−14.11）	−0.951*** （−14.12）	−1.000*** （−10.75）
R^2	0.511	0.617	0.617	0.346

***$p<0.01$

表 5-7 报告了以 AQI、$PM_{2.5}$、PM_{10}、NO_2 和 SO_2 对数为因变量、补贴金额对数为主要自变量的面板数据模型回归结果。在样本 1 的结果中，估算的系数均为负且显著，表明当补贴增加 1%时，AQI 将下降 0.17%～0.42%。对于 $PM_{2.5}$、PM_{10} 和 SO_2，其污染弹性分别为−0.57～−0.21、−0.93～−0.63 和−1.4～−0.95。对于 NO_2，对清洁取暖的补贴不会减少其排放。

5.2.3 稳健性检验

双重差分估计量的准确性依赖于模型的建立条件，本小节主要探讨对结果产生影响的可能因素。

1. 平行趋势条件

如 5.1.2 小节所言，双重差分模型的建立前提是需要满足平行趋势条件，即处理组和控制组在没有政策干预（此处是清洁取暖政策）的情况下，结果效应的趋势是一致的，即在政策干预之前，处理组和控制组的结果效应的趋势是一致的。在双重差分模型（5-9）中，加入年度虚拟变量和清洁取暖政策虚拟变量的交乘项作为主要的解释变量，以 $PM_{2.5}$ 浓度作为被解释变量，验证平行趋势条件是否成立。

由图 5-4 可知：交乘项 Trt×Year₂₀₁₃ 和 Trt×Year₂₀₁₄ 的系数均不显著，表明在清洁取暖政策实施前，实验组和控制组的 $PM_{2.5}$ 浓度无显著差异；在政策实施（2016 年 11 月）后，交乘项 Trt×Year₂₀₁₇ 和 Trt×Year₂₀₁₈ 的系数显著小于零，表明清洁取暖政策显著降低 $PM_{2.5}$ 浓度。

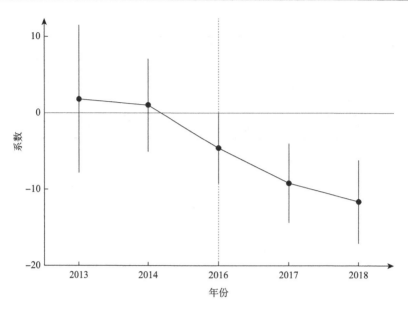

图 5-4 平行趋势检验

城市层面的控制变量包括日平均气温、日相对湿度、日降水量、最大风速、是否为周末的虚拟变量和是否为节假日的虚拟变量；标注误为以城市尺度聚类

2. 样本选择偏误

在选取实验组和对照组时，本节以"2+26"城市作为实验组，以河北、山东、山西、河南各省中非清洁取暖城市的 30 个城市作为对照组进行研究，尽管实验组和对照组城市在 GDP、人口、气象条件方面有一定的相似性，但仍然可能存在某些协变量对是否受到政策干预及其污染状况产生影响，导致样本选择偏误问题的产生和双重差分估计量的不准确。

基于以上原因，本小节采用 PSM 方法进行稳健性检验。本节采用 5.1.1 小节中提到的半径匹配法，并综合最邻近匹配方法和精确匹配法以保证匹配结果的精确性。首先，将半径或卡尺（caliper）设置为 0.25 个标准差之内，以锁定控制样本的范围；其次，在锁定的范围内，采用贪婪匹配法（greedy matching）寻找最近的控制组；最后，考虑温度、湿度等协变量，按日期进行精确匹配。匹配结果如表 5-8 所示。

表5-8 PSM结果

变量	实验组（Trt=1）			对照组（Trt=0）			实验—对照
	观测数	均值	标准差	观测数	均值	标准差	均值
所有	61 824	0.494 1	0.061 4	66 240	0.472 2	0.084 1	0.021 9

续表

变量	实验组（Trt=1）			对照组（Trt=0）			实验—对照
	观测数	均值	标准差	观测数	均值	标准差	均值
区域内	61 824	0.494 1	0.061 4	65 943	0.473 8	0.080 4	0.020 3
匹配后	46 153	0.496 7	0.059 1	46 153	0.488 5	0.059 6	0.008 2

　　由表 5-8 可知，匹配之前，实验组与对照组的均值之差为 0.021 9，经过匹配后，实验组与对照组的均值之差为 0.008 2，表明经过匹配，降低了协变量（温度、湿度、风速等）对政策是否干预的影响，使得是否受到政策干预尽可能地独立于协变量。

　　表 5-9 是基于 PSM 后的双重差分估计结果，与表 5-4 相似，模型（1）～模型（5）中双重差分估计量 During×Trt 的系数仍然显著为负，表明清洁取暖显著降低试点城市污染物浓度的结论具有稳健性。

表5-9　基于PSM的清洁取暖政策对日度空气污染物作用效果评估

变量	AQI（1）	PM$_{2.5}$（2）	PM$_{10}$（3）	NO$_2$（4）	SO$_2$（5）
During×Trt	−0.059***	−0.048***	−0.097***	−0.048***	−0.103***
	（0.010）	（0.011）	（0.014）	（0.013）	（0.027）
During	0.112***	0.086***	0.190***	0.074***	0.318***
	（0.013）	（0.014）	（0.016）	（0.014）	（0.020）
Trt	−0.149***	−0.276***	−0.214***	0.094***	−0.744***
	（0.005）	（0.005）	（0.006）	（0.005）	（0.011）
控制变量	Yes	Yes	Yes	Yes	Yes
城市固定效应	Yes	Yes	Yes	Yes	Yes
日度固定效应	Yes	Yes	Yes	Yes	Yes
常数项	4.477***	4.561***	4.027***	3.518***	3.182***
	（0.011）	（0.015）	（0.015）	（0.015）	（0.019）
观测值	92 742	92 731	92 738	92 735	92 734
R^2	0.130	0.145	0.132	0.189	0.319

$^{***}p<0.01$

注：（）内为城市层面的聚类标准误；控制变量包括日平均气温、日相对湿度、日降水量、最大风速、是否为周末的虚拟变量和是否为节假日的虚拟变量

5.2.4　结论与建议

　　由以上结果可知，补贴政策的导向性和精准性设计不足。

　　首先，现有补贴政策的技术导向性不足。从技术路径的选择来看，国内补贴

政策的设计主要是为了解决现阶段散煤替代问题，对技术转型特别是中远期技术考虑不足。此外，补贴政策未充分考虑不同技术使用成本的差异。多数试点城市不同"煤改电"技术享受相同的补贴标准，甚至"煤改气""煤改电"的补贴最高额度一致。对于供暖企业来说，无论采用燃煤集中供热还是采用生物质、地热等可再生能源供热，均能享受相同的国家增值税、房产税、城镇土地使用税等税收优惠政策（于学华，2019）。

其次，补贴政策存在"搭便车"现象，尤其是电价和气价的补贴。例如，很多地方获得优惠的不仅仅是取暖季的采暖用电，取暖季的非采暖用电，甚至非采暖期间的生活用电也同样享受了优惠（于学华，2019）。

最后，现行补贴并未对不同经济水平用户采用差异化补贴标准。家庭经济困难的居民即使享受到政府补贴支出，仍难以承受清洁取暖支出，导致这部分居民只能通过"节约用能"来降低取暖支出，但由于不用或用得少，最终享受不到或享受少量政府补贴福利，政府补贴更多地支付给了经济条件相对较好的居民。与此同时，个别试点对清洁取暖的补贴力度过大，财政补贴之后，清洁取暖改造用户甚至不需承担任何额外支出。

5.3　应用虚拟变量回归模型评估环境税效果

2016年12月25日，由中华人民共和国第十二届全国人民代表大会常务委员会第二十五次会议通过，中华人民共和国主席令第61号公布的《中华人民共和国环境保护税法》，自2018年1月1日起施行。该法是我国第一部专门体现"绿色税制"、推进生态文明建设的单行税法，进一步完善了我国的"绿色税收"体系。环保费改税，上升到立法层面，彰显国家对环境整治的重视与决心，目的是激励企业重视环保、进一步减排降污。本书应用固定效应回归模型评估了环境保护税法对企业污染物的减排影响。

5.3.1　数据与模型

研究样本包括2017年7月至2019年12月中国30个省区市的804个电厂。我们收集了中国30个省区市化石燃料发电厂月度污染物排放数据。据中国环境保护部统计，2017年中国共有化石燃料发电厂2 192个，装机容量为783 977兆瓦。

由于部分工厂的连续排放监测数据不完整，我们的样本分别包括 2017 年 7 月至 2019 年 12 月的 699 家、722 家和 690 家工厂的 SO_2、NO_x 和粉尘（吨/月），以比较政策前后的工厂水平排放变化。样本电厂装机容量为 6 318.15 兆瓦，占中国电厂总装机容量的 67%。

1. 本节的主要变量和研究假设

主要资料来源和假设见表 5-10。

表5-10　主要资料来源和假设

面板 A：资料来源	
主要变量	资料来源
空气污染物	来自中国工程科技知识中心（CKCEST，www.CKCEST.cn）
容量	企业官方网站、百度网站（Baidu.com）和国家燃煤发电排放清单
取暖季	中华人民共和国生态环境部
税率	各省生态环境局网站
环境规制强度	国家统计局编制的《中国环境统计年鉴》
企业异质性	企业官方网站、百度网站（Baidu.com）、企查查官方网站（qcc.com）
面板 B：主要假设	
假设 1	环境税政策的实施对电厂污染物减排具有积极影响
假设 2	环境税率和污染减排之间存在倒 U 形关系
假设 3	环境税政策在低环境规制地区的实施效果强于高环境规制地区
假设 4	环境税政策对可能已完成环保改造的大型国有煤电厂影响不大

（1）因变量为空气污染物。因变量为中国 30 个省区市化石燃料发电厂的月度二氧化硫、NO_x 和粉尘排放数据（单位：吨/月）。本书对所有污染物数据进行对数变换，以规范化其分布并最小化偏度。

（2）自变量为政策变量。关键自变量是政策指标变量 D_j，在环境税实施后等于 1；否则为 0，用于比较政策实施对污染物排放的影响。其系数 β_1 是研究主要关注的参数，表示环境税的实施在多大程度上减少了污染物排放。

（3）主要控制变量。

容量。本书控制每个工厂的装机容量，因为它直接影响污染物排放。在最后一个假设中，根据电厂容量将其分为不同的组。

取暖季。在供暖季节（冬季），发电厂将负责向周围居民和企业供热，这可能会影响发电厂的污染物排放量。中国北方城市的供暖时间从每年 11 月到次年 3 月，因而设置供暖季节虚拟变量等于 1；否则为 0。

税率。在中国，不同地区环境税率不同，所以探讨了不同税收标准下政策对减排的影响。

环境规制强度。以前的研究用污染治理总投资占生产成本或产值比重来衡量环境监管的力度（Lanjouw and Mody，1996；Zhang G et al.，2020；Cole and Elliott，2003）。在本书中，使用污染治理投资占 GDP 比重来衡量各省区市的环境监管水平。进一步根据地区环境规制水平大小将电厂分为不同子样本。

企业异质性。根据电厂大小、所有权结构和燃料类型进行分类。如前所述，将电厂分为小型、中型、大型和特大型，以探讨不同规模电厂的政策异质性。在中国，国有企业可能得到政府机构的支持或保护，因而通过确定工厂是否拥有超过 50% 的国有资本，将电厂分为国有企业和非国有企业。在样本中，电厂通过煤、天然气、生物质和其他燃料发电。因此，为了探讨政策对不同燃料类型电厂的影响，将电厂分为燃煤电厂和非燃煤电厂。

2. 主要变量的描述性统计结果

描述性统计见表 5-11。

表5-11　描述性统计

变量	样本	平均值	标准差	最小值	最大值
$lnSO_2$	20 961	2.397	1.831	−9.790	6.703
$lnNO_x$	21 660	3.205	1.334	−8.112	7.649
lndust	20 700	0.782	1.439	−9.210	5.466
容量（SO_2）	20 961	733.966	812.157	6.000	6 904.000
容量（NO_x）	21 660	728.973	820.037	6.000	6 904.000
容量（dust）	20 700	725.231	791.884	6.000	5 400.000
环境规制（%）	21 660	1.330	0.736	0.380	3.530
税率（SO_2）	20 961	2.514	1.891	1.200	12.000
税率（NO_x）	21 660	2.399	1.855	1.200	12.000
税率（dust）	20 700	2.023	1.426	1.200	12.000

为了评估实施环境税政策对化石燃料发电厂污染物减少的影响，我们使用以下模型估计 2018 年 1 月政策实施日期前后污染物排放的变化。

$$\text{Air pollutants} = \beta_0 + \beta_1 \times D_j + \beta_2 \times T_j + \theta \times X_{ij} + V_i + \varepsilon_{ij} \qquad (5\text{-}11)$$

其中，下标 i 表示电厂，j 表示月份。X_{ij} 为控制变量。此外，控制了月度的时间趋势变量，在没有税收政策的情况下，未观测到可能影响月度电厂污染物的混杂因素或趋势。V_i 为控制电厂异质性的电厂固定效应。ε_{ij} 为误差项。我们的模型允许灵活地捕捉电厂特征和未观察到的异质性，并控制了在政策前后可能的共同变化。

此外，为了解决异方差问题，在电厂水平上聚类标准误。

5.3.2 结果与讨论

本小节主要报告环境税政策对火电厂污染排放的影响，分析环保税率、环境规制水平和企业类型的作用，并对结果进行相应的讨论。

1. 环境税政策实施对电厂污染物的影响

首先探究环境税政策实施对污染物排放的总体影响。在表5-12和表5-13中，因变量为月度污染物排放的对数值。与基本模型列（1），（3）和（5）相比，（2），（4）和（6）列中包含所有控制变量。我们可以观察到，二氧化硫、氮氧化物和粉尘分别显著降低了2.186（7.7%）、1.550（6.84%）和1.064（16.1%）。控制变量的系数与预期和以往的研究一致。装机容量较大的发电厂排放更多的污染物。当进入供暖季节时，电厂排放的污染物会更多。随着时间的推移，电厂排放的污染物也越来越少。总的来说，我们发现环境税政策实施在企业水平上显著降低了污染物的排放。

表5-12 环境税政策对污染物减排的影响

变量	SO$_2$		NO$_x$		dust	
	（1）	（2）	（3）	（4）	（5）	（6）
D_j	-5.556^{***}	-2.186^{**}	-4.858^{***}	-1.550^{*}	-1.333^{***}	-1.064^{***}
	（1.098）	（0.961）	（0.994）	（0.909）	（0.261）	（0.203）
Con	4.864^{***}	5.521^{***}	5.893^{***}	6.536^{***}	1.645^{***}	1.669^{***}
	（0.879）	（1.039）	（0.795）	（0.937）	（0.209）	（0.258）
N	20 970	20 970	21 660	21 660	20 700	20 700
R^2	0.808	0.809	0.746	0.748	0.590	0.591

***$p<0.01$；**$p<0.05$；*$p<0.1$

注：此处控制了火电厂规模 capacity（装量容量），时间趋势项 T，是否为取暖季 Heat。同时控制了火电厂个体效应。括号内是以火电厂聚类的标准误

表5-13 环境税政策对污染物减排比例的影响

变量	lnSO$_2$	lnNO$_x$	lndust
	（1）	（2）	（3）
D_j	-0.077^{***}	-0.068^{***}	-0.161^{***}
	（0.028）	（0.021）	（0.025）

变量	lnSO$_2$	lnNO$_x$	Indust
	（1）	（2）	（3）
Con	−1.193***	0.711***	−0.354***
	（0.027）	（0.021）	（0.021）
N	20 961	21 660	20 700
R^2	0.869	0.818	0.812

$^{***}p<0.01$

注：此处控制了火电厂规模 capacity（装量容量），时间趋势项 T，是否为取暖季 Heat。同时控制了火电厂个体效应。括号内是以火电厂聚类的标准误

　　为了控制环境污染，中国政府在 1979 年根据"污染者付费"原则引入了排污费。但在排污费制度中仍存在执法力度不足、行政干预力度大、缺乏强制性和标准化等问题。在这种情况下，企业更愿意支付排污费，而不是投资于绿色生产技术或污染控制，一些企业甚至利用政治联系来逃避费用，从而导致环境污染的增加。相比于排污费，环境税政策的税率更高，规制更严格，建立了鼓励企业少排放污染物的机制（Wang J Y et al.，2019），规定逃税的企业必须承担法律责任，这会激励企业减少排放。因此，本书验证了更严格的环境税政策可以减少污染物排放。

2. 不同税率对减排的影响

　　本书进一步比较了不同税率下污染物减排的比例。三种污染物的环境税率在1.2～12 元/当量。结果如表 5-14 所示，污染减排量和税率之间存在着倒 U 形关系。因此，我们支持假设 2。先前的研究通过理论分析表明，企业对税收增加的反应可能是非单调的（Krass et al.，2013；Shi et al.，2020）。虽然最初的增税可能会促使人们转向绿色技术，但进一步的增税可能会促使人们转向非绿色技术。

表5-14　不同税率对污染物减排的影响

面板 A：被解释变量：lnSO$_2$					
变量	1.2	1.8	2.4	3.5 3.9 4.8	6 6.8 12
	（1）	（2）	（3）	（4）	（5）
D_j	−0.070**	−0.119**	−0.256***	−0.031	−0.096
	（0.038）	（0.060）	（0.094）	（0.077）	（0.121）
Con	−1.222***	2.984***	19.20***	2.531***	−0.837***
	（0.035）	（0.069）	（0.100）	（0.065）	（0.104）
N	10 314	3 750	1 950	3 419	2 153
R^2	0.851	0.838	0.875	0.881	0.860

续表

	面板 B：被解释变量：$lnNO_x$				
变量	1.2	1.8	2.4	3.5 3.9 4.8	6 7.6 8 12
	（1）	（2）	（3）	（4）	（5）
D_j	−0.030	−0.184***	−0.095	−0.044	−0.034
	（0.032）	（0.043）	（0.065）	（0.060）	（0.067）
Con	2.187***	3.210***	10.62***	4.331***	0.469***
	（0.032）	（0.051）	（0.050）	（0.047）	（0.064）
N	9 780	4 050	2 010	3 420	2 340
R^2	0.804	0.775	0.860	0.809	0.804

	面板 C：被解释变量：lndust				
变量	1.2	1.8	2.4	3.5 3.9 4.8	6 12
	（1）	（2）	（3）	（4）	（5）
D_j	−0.138***	−0.222***	−0.255***	−0.136**	−0.0436
	（0.033）	（0.057）	（0.081）	（0.060）	（0.130）
Con	−0.346***	0.006	9.209***	4.328***	1.754***
	（0.033）	（0.066）	（0.086）	（0.052）	（0.122）
N	12 720	3 900	1 950	3 720	570
R^2	0.812	0.790	0.811	0.787	0.795

***$p<0.01$；**$p<0.05$

注：此处控制了火电厂规模 capacity（装量容量），时间趋势项 T，是否为取暖季 Heat。同时控制了火电厂个体效应。括号内是以火电厂聚类的标准误

在低税率地区，企业的污染处理成本高于支付给税务机关的税收收入。因此，我们很容易理解，污染的减少并不显著。相反，在高税率地区，如北京、天津、上海等地，地区经济发达，公众对清洁环境的需求较大，地方政府对环境保护的压力较大，此外，这些地区的电厂比其他地区要少。除了在省内发电，这些省份主要依赖其他省份的电力。地区内大部分的电厂已经完成了环保改造。因此，环境税政策的实施在减少这些地区的污染物排放方面并没有发挥重要作用。当企业提前完成环保转型时，较高的税率可能会增加企业的生产成本，降低企业产品的市场竞争水平，降低企业利润。鉴于此，政府可以考虑提供其他优惠政策，作为对企业改善环境绩效的奖励。

3. 不同环境规制水平下环境税政策的实施效果

本书进一步研究了不同环境规制水平下环境税政策实施对企业污染物的影

响。当一个省环境规制水平高于全国平均值 1.5 时，被视为高环境规制水平区域，反之，则为低环境规制地区。我们可以观察到，环境税政策实施对 SO_2 和 NO_x 的影响在低环境规制地区具有显著性。低环境规制区域的粉尘减排是高环境规制水平区域的 1.38 倍。此外，环境规制水平较低省份的三种污染物分别显著下降了 9.73%、11.5% 和 18.9%。假设 3 得到了支持。我们可以得出结论，环境税政策对环境监管水平更严格的省份的污染减少没有很大影响。这是因为企业可能已经在环境监管水平较高的地区完成了环境保护转型。在这种情况下，提高这些地方的税率将导致国家工业生产布局的重建，由于排放泄漏效应，污染将转移到低监管水平的地区。这将导致低环境监管和低环境税率的地区成为污染的天堂（Feng et al., 2020）。因此，各省在制定税率时应考虑其环境监管强度。

4. 环境税政策对不同类型企业的影响

在本节中，我们比较不同类型的企业对环境税政策的不同反应。企业根据所有权、燃料类型和装机容量分为不同的类型。结果显示在表 5-15 至表 5-17 中。首先，我们研究了环境税政策对国有企业和非国有企业的影响。研究结果表明，实施环境税对非国有企业污染减少的影响比在国有企业中更显著。进一步探讨其对燃煤电厂和非燃煤电厂的影响。研究结果见表 5-16 中的面板 B。相比之下，非燃煤电厂污染物的下降幅度较明显，下降比例分别为 23.3%（SO_2）、23.2%（NO_x）和 35.2%（dust）。最后，我们研究了政策对不同规模电厂的影响。我们发现，环境税政策对小型（容量<250 兆瓦）和大型（容量>1 000 兆瓦）的电厂更有效。结果表明，环境政策的实施对非国有企业和小型、非燃煤电厂有显著影响。

表5-15　环境税政策在不同环境规制水平下的效果

变量	$lnSO_2$		$lnNO_x$		lndust	
	（1）	（2）	（3）	（4）	（5）	（6）
D_j	−0.059	−0.097**	−0.025	−0.115***	−0.137***	−0.189***
	（0.036）	（0.043）	（0.025）	（0.035）	（0.032）	（0.040）
Con	9.111***	−1.190***	6.758***	0.712***	0.038	−0.340***
	（0.036）	（0.040）	（0.027）	（0.032）	（0.033）	（0.042）
N	11 124	9 837	11 310	10 350	10 890	9 810
R^2	0.861	0.871	0.822	0.809	0.813	0.805

***$p<0.01$；**$p<0.05$

注：此处控制了火电厂规模 capacity（装量容量），时间趋势项 T，是否为取暖季 Heat。同时控制了火电厂个体效应。括号内是以火电厂聚类的标准误

表5-16　环境税政策对不同所有权结构企业的影响

变量	lnSO₂		lnNO_x		Indust	
	（1）	（2）	（3）	（4）	（5）	（6）
面板 A：国有企业和非国有企业						
D_j	−0.045	−0.176***	−0.041*	−0.140***	−0.128***	−0.249***
	（0.031）	（0.059）	（0.023）	（0.049）	（0.028）	（0.055）
Con	8.562***	−1.957***	5.889***	0.446***	9.709***	−0.573***
	（0.043）	（0.055）	（0.036）	（0.051）	（0.038）	（0.060）
N	15 111	5 670	15 630	5 850	15 030	5 670
R^2	0.869	0.854	0.812	0.796	0.795	0.808
面板 B：燃煤电厂和非燃煤电厂						
D_j	−0.05329*	−0.233**	−0.037*	−0.232***	−0.131***	−0.352***
	（0.027）	（0.112）	（0.021）	（0.075）	（0.026）	（0.088）
Con	−1.188***	2.316***	0.713***	2.150***	−0.352***	1.169***
	（0.026）	（0.095）	（0.021）	（0.065）	（0.025）	（0.100）
N	18 146	2 815	18 210	3 450	17 820	2 880
R^2	0.865	0.844	0.825	0.682	0.811	0.712

***$p<0.01$；**$p<0.05$；*$p<0.1$

注：此处控制了火电厂规模 capacity（装量容量），时间趋势项 T，是否为取暖季 Heat。同时控制了火电厂个体效应。括号内是以火电厂聚类的标准误

表5-17　环境税政策对不同规模企业的影响

变量	（1）	（2）	（3）	（4）
	Capacity<250	250≤Capacity≤600	600<Capacity≤1 000	Capacity>1 000
面板 A：被解释变量：lnSO₂				
D_j	−0.145**	0.047	−0.030	−0.078**
	（0.060）	（0.049）	（0.048）	（0.039）
Con	−1.766***	4.435***	8.616***	5.326***
	（0.054）	（0.062）	（0.068）	（0.261）
N	7 168	4 258	5 603	6 210
R^2	0.827	0.835	0.825	0.878
面板 B：被解释变量：lnNO_x				
D_j	−0.172***	0.017	0.022	−0.054**
	（0.048）	（0.044）	（0.032）	（0.024）
Con	0.459***	5.484***	5.771***	15.35***
	（0.037）	（0.040）	（0.050）	（0.214）
N	7 500	4 470	5 700	6 270
R^2	0.705	0.713	0.631	0.742
面板 C：被解释变量：Indust				
D_j	−0.197***	−0.082	−0.110***	−0.177***
	（0.052）	（0.059）	（0.039）	（0.036）

变量	（1）	（2）	（3）	（4）
	Capacity<250	250≤Capacity≤600	600<Capacity≤1 000	Capacity>1 000
面板 C：被解释变量：Indust				
Con	−0.558***	1.840***	9.643***	17.290***
	（0.057）	（0.054）	（0.060）	（0.244）
N	7 050	4 350	5 490	6 060
R^2	0.734	0.797	0.707	0.73

***$p<0.01$；**$p<0.05$

注：此处控制了火电厂规模 capacity（装量容量），时间趋势项 T，是否为取暖季 Heat。同时控制了火电厂个体效应。括号内是以火电厂聚类的标准误

近年来，由于环境保护要求日益严格，大型国有燃煤电厂经受了巨大的环境压力。一方面，大多数大型国有燃煤电厂经过长期运营，实现了大规模生产，并积累了大量安装管道末端设备和升级新技术的资金。另一方面，国有企业也需要承担环保的政治任务。因此，该政策对这些发电厂的影响有限。中国电力企业联合会（China Electricity Council，CEC）统计数据显示，截至 2017 年底，化石燃料电厂烟气脱硫机组投产约 9.2 亿千瓦，占全国火电机组的 83.6%，燃煤机组的 93.9%。因此，对于可能已经完成环境保护转型的行业，政策效果非常有限。

然而，政府不应忽视在促进生态社会发展的背景下，非国有企业在中国经济中发挥的重要作用。政府应关注非国有企业，采取各种措施，鼓励企业减少污染。例如，政府可以建立一个平台，帮助企业借鉴国有企业先进的环境管理经验和技术，升级环境处理设施。此外，政府还可以提供环境补贴和税收优惠政策，以鼓励它们实现绿色升级。

5.3.3　结论和启示

在环境税日益成为各国环境治理的主要手段的背景下，研究环境税对减少污染的影响，提出建立科学合理的环境税收体系的建议尤为重要。现有的研究在宏观层面上考察了环境税政策实施对减少污染的影响。例如，对不同国家政策的比较分析中（Zhang and Baranzini，2004；Radulescu et al.，2017；Freire-Gonzalez and Puig-Ventosa，2019；He et al.，2019），主要研究对象集中在一个国家或欧盟和整个经济合作与发展组织（Carraro et al.，1996；Bruvoll and Larsen，2004；Rapanos and Polemis，2005；Lin and Li，2011；Vera and Sauma，2015）。然而，学术界还没有形成一个统一的结论。监管机构利用环境税对企业施加压力，要求其选择绿色技术，减少污染。环境税政策的有效性取决于企业级合规性的努力。因此，本

书的新颖之处在于研究了新兴经济中环境税政策实施对微观企业污染物减排的影响。此外，以往的研究还探讨了可能影响环境税实施效果的因素，包括地方政府控制（Fan et al.，2019；Hu et al.，2020）、消费者的环境意识（Shapiro and Walker，2018；Yu et al.，2019）和经济规模（He et al.，2019；Hu et al.，2019）。

1. 探讨环境税政策实施异质性效果，优化环境管理政策体系

首先，我们的研究结果表明，环境税在减少污染方面有积极的作用。与排污费相比，更严格的环境保护税可以鼓励企业实现减排。其次，我们发现污染物减排量与税率之间存在倒 U 形关系。再次，与环境规制水平较高的地区相比，低环境规制区域的减排幅度更为显著。最后，我们研究了不同类型的公司对环境税的不同反应。结果表明，非国有企业三种污染物的排放量是国有企业的 1.94～3.89 倍，非燃煤企业的 2.69～6.2 倍，小型企业的 1.11～3.16 倍。这些发现表明，对于经济发达地区税率高的大型国有煤炭生产厂，环境税对减少污染的影响有限。

2. 本书对中国环境税改革的启示

（1）对于环境税率较低的地区，政府应该逐步提高税率。环境税是通过将环境污染和生态破坏的社会成本内化为企业内部成本来解决外部性的有效手段，通过市场机制对环境资源进行再分配（Wang and Yu，2021）。研究结果表明，在低税率条件下，环境税对减少污染的影响很小。例如，山西省是中国重要的煤炭能源基地之一。然而，山西省的税率非常低，与污染强度相比，每污染当量污染税只有 1.8 元。只有当收费标准高于行业的边际减排成本时，公司才会被激励转向清洁生产技术。低税率只会对排放大量污染的企业施加一定程度的压力，但不足以激励企业自行采取进一步的减排行动。当达到排放标准后，污染物的直接排放成为最佳决策，企业将直接缴纳环境税以降低成本。因此，它削弱了采纳节能减排和绿色创新技术的动力（Hu et al.，2020；Mardones and Mena，2020；Wang and Yu，2021；Xing and Tan，2020）。企业更愿意支付费用，而不是采用更环保的技术，这种方式将带来更严重的环境污染。因此，政府可以对各行业征收更高的税率，以激励其安装污染处理设备。

考虑到环境税率大规模提高对创造大量就业机会的重污染企业的影响，地方政府应根据环境治理成本、环境损失和区域环境质量变化，逐步提高环境税率（Wang J X et al.，2019；Wang and Yu，2021）。通过每年逐步提高税率，使最终实际减排与预期减排量相当，社会成本最低。或者，政府也可以对超过排放量的纳税人设定惩罚性的高税率（Han and Li，2020）。此外，政府可以加强监管，增

加税收征管，严惩逃避环境税的企业，提高环境税纳税人的纳税遵从性。激励工业企业用环保技术取代旧的和传统的技术。因此，能源需求可能会大幅减少，从而进一步降低生产成本，有助于维持绿色经济。国家可以在不影响环境质量的情况下实现经济目标和可持续发展目标（Shahzad，2020）。

（2）政府应当努力补偿保持最高环境标准的企业。研究结果表明，环境税在高税率地区减少污染方面的作用不大。总体来说，高税率地区的经济发展较好，是关键的经济发展中心和污染处理地区。这些地区的企业可能在众多的环境政策压力下完成了污染减排，并将投入更多资金采用绿色技术。Krass 等（2013）发现，由于固定的成本，一家公司对环境税的反应可能是非单调的：更高水平的税收可能会导致更脏的技术，而不是更清洁的技术。较高的税率可能会增加公司的总生产成本。这导致了最优市场价格的上涨，并导致了较低的最优需求，从而减少了公司的总收入。鉴于此，环境税导致的额外支出不可避免地会增加公司的成本，从而影响公司的竞争优势。因此，中国政府可以考虑对已完成环保投资的企业减免企业所得税。例如，Zhang G 等（2020）研究表明，如果政府能补贴减排企业的过度税收，将有助于工业产业的绿色升级；它们的生产成本与高污染企业的生产成本水平相同，避免了运营成本上升而导致的减排企业的竞争力下降。

（3）地方政府应考虑区域环境规制水平、企业异质性和行业减排潜力制定税率。我们的研究结果表明，环境规制强度不同的区域环境税政策的实施效果是不同的。政府应考虑通过实施不同的政策手段，重新设计环境监管水平，以避免部分地区成为避税天堂城市。例如，许多公司可能会转移到环境法规低、税率低的地区，这将导致严重的污染。政府可以通过积极执行加强的工具许可费、标准、收费和补贴相结合来实现环境合规性的整体改善（Kathuria，2006）。单一的环境税收政策不能完全实现环境效应和技术创新激励的双重目标。为了纠正和解决环境税造成的减排成本和技术创新成本增加的问题，有必要与其他环境法规和创新政策形成叠加。

（4）研究结果还显示，具有不同所有权结构、规模和燃料类型的公司对环境税政策的反应不同。目前，政策应将环境保护重点从大型国有企业转向民营小企业。私营企业和国有企业有不同的目标职能。私营企业坚持利润最大化，而国有企业则追求多个目标，反映了决策者在社会、经济、政治甚至环境偏好方面的复杂优先事项（Andersson et al.，2018）。中国国有企业的管理者比私营企业的管理者更关心环境（Fryxell and Lo，2001；Liang and Langbein，2021）。一方面，国有企业可能有责任帮助政府达到总体环境目标（Grout and Stevens，2003；Wang and Jin，2007；Liu and Wang，2011）。另一方面，政治上联系良好的国有企业可能从税收优惠、补贴和政府担保的低息贷款中获得慷慨的条款（Faccio，2006；Ding et al.，2014）导致财政限制减弱，以加强生态责任。政府应鼓励国有企业进入环境保护市场，帮助落后地区和企业实现环保改造，提高社会全要素生产效率，促进技术进步。不同的行业有不同的污染物排放标准和减排潜力。近年来，随着空气污染防治工作的不断深化，电力行业实现了环境转型。钢铁、水泥、玻璃等非电气行业已成为影响中国环境质量的关键行业（Wang Y et al.，2019）。因此，为了实现环境目标，政府可以对不同的行业实施不同的税率。

5.4　应用固定效应模型评估大气污染联防联控综合政策效果

　　我国大气污染呈现出区域性、复合性的特点。面对以雾霾污染为主的重污染天气，传统属地防治手段已不能对区域大气污染进行有效治理，联防联控成为必然选择。"两控区"的治理（李牧耘等，2020）和重大活动期间（例如，2008 年北京奥运会和 2014 年 APEC 会议）的空气质量保障（Wang et al.，2016）也表明：多部门多地区的联防联控是解决我国区域性复合性大气污染问题的关键。因而，评估政策对重点区域以及全国的减排效果对于科学制定针对性政策、避免资源浪费和切实改善空气质量具有重要的实际意义和理论意义。本节对我国大气污染联防联控政策进行量化处理，从政策主体、类型和数量三个维度构建政策力度指标，利用量化数据刻画联防联控政策演变特征，评估政策力度、数量对污染物排放的影响，为我国政府后续制定和完善大气污染联防联控政策提供针对性建议。

5.4.1　研究背景

　　我国政府对大气污染联防联控高度重视，在区域防治方面，已划定京津冀及周边地区、长三角地区、汾渭平原等为污染防治重点区域。在法律法规方面，目前已初步建立大气污染联防联控机制，形成较完备的法律法规、排放标准和政策体系。1995～2018 年，我国政府共发布联防联控政策文件 5 726 份，其中中央政策 370 份，地方政策 5 356 份[①]。一方面，大量联防联控政策实施所致的空气质量改善效果显著。例如，2019 年重点城市 $PM_{2.5}$ 和 SO_2 平均浓度分别比 2013 年下降 43% 和 73%，重污染天数下降 81%[②]。另一方面，由于政策本身具有不确定性和主

---

① 政策来源：政府网站和北大法宝。
② 资料来源：《大气中国 2020：中国大气污染防治进程》。

观性（彭纪生等，2008），不可避免地导致一些联防联控政策难以发挥既定功能，无法对空气质量改善起到有效的推动作用：近年来我国环境改善幅度明显减小，部分城市出现反弹，如 2019 年全国 337 个城市六项主要污染物中，仅 PM_{10}、SO_2 有小幅下降，$PM_{2.5}$、NO_2、CO 浓度水平与 2018 年持平，O_3 则持续恶化。此外，一项政策从制定到实施，需要投入大量的资源（贺东航和孔繁斌，2011），而大量联防联控政策的制定和实施很可能造成资源的浪费；而从减排效果来看，大气污染联防联控政策对重点区域和非重点区域复合性污染的治理效果尚不明确。

学术界对大气污染联防联控的研究主要分为两个方面。一是侧重于分析协同机制的长效性（姜玲和乔亚丽，2016；李辉等，2020），政策实施的外部环境保障和政策战略转型（王金南等，2012；柴发合等，2013；邹兰等，2016）等，此类研究倾向于定性的逻辑分析，为联防联控政策的制定和实施提供了启示性建议。二是侧重于评估某项政策或某类政策的实施对空气质量改善的作用效果（何伟等，2019；王恰和郑世林，2019），此类研究对政策的实施效果进行了科学评估，为某项或某类政策制定的原理提供了依据。考虑到大气污染联防联控防治政策是一个体系，现有的对某类或某项政策实施效果的评估不足以满足整体政策评估的需要，而对整体政策评估的前提是对政策文本进行量化分析。本节应用机器学习方法对文本进行分析，构建政策力度指标，采用固定效应模型评估大气联防联控政策的效果。

5.4.2 样本、变量和模型

本小节主要介绍样本选取、变量构建和建立固定效应估计模型，以估计大气污染联防联控政策的空气质量改善效果。

1. 大气联防联控政策的筛选

根据《关于推进大气污染联防联控工作改善区域空气质量的指导意见》《中华人民共和国大气污染防治法》《打赢蓝天保卫战三年行动计划》等相关文件对大气污染联防联控的要求，大气污染联防联控是以缓解区域大气污染为核心目标，通过跨省（市）多部门联动的方式，明确责任和执法主体，建立一套科学合理的大气污染防治制度体系和运行机制。其概念虽然是在 2010 年《关于推进大气污染联防联控工作改善区域空气质量的指导意见》中提出的，但早在 20 世纪 80 年代我国政府就已开始在"两控区"的治理上运用联防联控。为了研究这些政策的演变特征和减排效果，从政府网站和北大法宝两个数据库中收集 1995～2018 年全国范围内所有与大气污染防治相关的政策 13 486 份，包括中央政策 1 320 份，地方政策 12 166 份。考虑到大气污染联防联控政策筛选的准确性与全面性，本节基于《关于推进大气污染联防联控工作改善区域空气质量的指导意见》《打赢蓝天保卫战三年行动计划》等中央权威政策，提取出政策关键词（表 5-18），经过筛选最终得到大气污染联防联控政策 5 726 份，包括中央政策 370 份，地方政策 5 356 份。随后从政策发布时间、发布机构、法规类别、效力级别等方面对这些政策进行整理和分类，最终建立了包含中央各部委和地方政府联合或独立颁布的政策数据库。

表5-18 我国大气污染联防联控政策关键词筛选

关键词			
协作机制	重污染天气应急联动	应急减排	环境执法
秋冬季重点行业错峰生产	产业结构调整	能源结构调整	考核问责
运输结构调整	用地结构调整	重大专项行动	公众参与
环保信用评价制度	环境保护税	环境保护督察	信息公开

2. 联防联控政策分类

为了厘清大气污染联防联控政策措施，本节创新性地运用机器学习的方法科学划分政策文本内容。由于政策文本是一种特殊文本形式，具有数据量大、规范严谨、数据多样性的特点，以往的研究限于技术发展，多通过人工研读、专家验证的方式对政策文本进行分类，这种方法适合政策文本量偏小的情况，且随机性较强，而本书中政策文本量较大，不太适用人工分类的方法。LDA 主题模型利用词语、主题、文本之间的关系解决文本聚类中语义挖掘的问题（Kar et al., 2015），该模型适用于大规模、非结构化的文本，这与公共政策文本的特性相吻合，因此本书采用 LDA 主题模型对政策文本进行降维处理，对政策文本内容进行聚类分析，使其更好地服务于后续研究。本节将大气污染联防联控政策文本主要聚为 13 类，涵盖了联防联控法律法规、联防联控机制、污染防治工作、保障措施等方面（表 5-19）。大气污染联防联控政策措施种类多样，考虑到不同政策措施虽然功能和作用机理不同，但存在共性，本节将其归纳为不同的政策工具。政策工具是被决策者及实践者使用，或者在潜在意义上可能使用来实现一个或者更多政策目标的手段（顾建光，2006）。经济合作与发展组织基于政策工具对被规制者的强制性，将环境政策工具划分为三类，分别是命令控制型工具、经济激励型工具和公众参与型工具。其中，命令控制型工具是指政府根据有关法律、规章、标准直接规定污染者可以排放的数量及方式；经济激励型工具利用经济杠杆，调整市场并减缓污染行为；公众参与型工具采取教育、信息公开等方法潜移默化地改变公众偏好及行为。此外，在仔细研读大气污染联防联控政策文本的过程中，发现除了上述工具以外，还存在环境监测、科技基础支撑、执法监管等政策措施，此类措施为政策执行提供了基础技术支撑和保障，因此划分为保障型政策工具（表5-19）。

表5-19　我国大气污染联防联控政策措施分类

命令控制型政策工具	经济激励型政策工具	公众参与型政策工具	保障型政策工具	重要政策措施
污染物排放标准	环境税	信息公开	环境监测	大气综合治理方案
排污许可制	排污权交易	宣传教育	科技基础支撑	四大结构调整
目标考核		建设模范城市	执法监管	

3. 政策力度指标构建

为了能够更准确地研究政策变量本身，从政策主体、类型、数量三个方面对大气污染联防联控政策进行量化，其中，政策发布部门的级别和政策类型决定政策力度的大小（彭纪生等，2008）。政策力度用来描述政策的法律效力和行政影响力。由于研究对象是全国范围内的联防联控政策，对政策力度进行打分时难以使用政策主体和政策类型混合的量化标准，需要依据政策发布部门的级别和政策类型分别打分。在详细研究《中华人民共和国立法法》《规章制定程序条例》及图书《政府层级管理》的基础上，结合相关专家的建议，根据政策主体和政策类型的级别，为各政策分别赋予数值以描述政策力度的大小，如表5-20所示。一般而言，级别越高的领导机构颁布的政策法律效力越高，在政策力度上的得分也较高（张国兴等，2014），但因其制定成本偏高，因而政策数量较少，而级别较低机构颁布的政策法律效力较低，政策力度得分也较低，但因其规定具体执行要求，政策数量较多，这两个方向的叠加效果能真实反映政策内容的实际效力（彭纪生等，2008；张国兴等，2014）。

表5-20　政策主体和类型量化标准表

政策主体力度	
中央政府	5
省级（自治区、直辖市）政府	4
地级市政府	3
县级政府	2
乡级政府	1
政策类型力度	
法律	11
行政法规	10
党内法规	

续表

政策类型力度	
省级地方性法规	9
部门规章	
国务院规范性文件（国发文件）	8
国务院规范性文件（国办文件）	7
部门规范性文件	
部门工作文件	6
两高工作文件	
司法解释性文件	
设区的市地方性法规	5
经济特区法规	
自治条例和单行条例	
地方政府规章	4
地方规范性文件	3
地方工作文件	2
行政许可批复	1

对大气污染联防联控政策的政策主体、政策类型进行打分后，得到初步数据，接下来对数据做进一步处理以满足分析需要。政策数量的变化能在一定程度上反映中央政府的重视程度及地方政府的执行力，同时政策数量的变化会引起政策力度的波动，因此研究政策数量很有必要。由于某项政策如果没有被废除将一直影响大气污染治理，首先利用式（5-12）对每一年度内相关政策数量进行累积。

$$\text{TN}_i = \text{TN}_{i-1} + N_i, \ i \in [1995, 2018] \tag{5-12}$$

其中，i 表示年份，$i \in [1995, 2018]$；N_i 表示 i 年所发布的政策数量；TN_i 表示每年政策数量的整体状况。

为了考察政策的影响力，需要先计算政策力度。政策力度是指政策主体在制定政策时体现的公信力及强制性程度，一定程度上反映政策主体的权威性（李梓涵昕和周晶宇，2020）。政策力度直接影响政策对政策客体的影响力和约束力，政策颁布机构的级别越高，政策实施力度越强。利用式（5-13）计算各年政策力度 TP，利用式（5-14）计算各年政策的平均力度 AP。

$$\text{TP}_i = \sum_{j=1}^{N} \text{PT}_j \times \text{PS}_j, \ i \in [1995, 2018] \tag{5-13}$$

$$\text{AP}_i = \frac{\sum_{j=1}^{N} \text{PT}_j \times \text{PS}_j}{N}, \ i \in [1995, 2018] \tag{5-14}$$

其中，j 表示 i 年发布的第 j 项政策，$j \in [1, N]$；PT_j 表示第 j 项政策的政策类型力度得分；PS_j 表示第 j 项政策的政策主体力度得分；TP_i 表示各年政策力度；AP_i 表示各年政策的平均力度。

最后，利用式（5-15）对每年的政策力度进行累积。

$$P_i = TP_{i-1} + TP_i \quad i \in [1995, 2018] \tag{5-15}$$

其中，P_i 表示每年政策力度的整体状况。由于地方政策的执行必然受国家政策的影响，本节将此特殊情况进行叠加效应的处理，即认为某地区某年的政策力度为国家政策力度与该地区政策力度之和。在计算各项指标时，需根据不同政策的废止、重叠情况进行适当调整。

4. 污染减排效果评估模型

通过上述的数据处理，得到 1995～2018 年表征政策工具数量和力度的各项指标，在此基础上构建系列计量模型深入研究不同政策工具的减排效果，其中，模型（5-16）、模型（5-17）分别用来分析政策数量和政策力度对污染物排放的影响，模型（5-18）、模型（5-19）通过设置交乘项分析相对于全国其他地区，重点区域政策数量和政策力度对污染物排放的影响。

$$\ln ap_{it} = \beta_0 + \beta_1 \ln NUM_{it} + \beta_2 \ln Control_{it} + v_{it} + \varepsilon_{it} \tag{5-16}$$

$$\ln ap_{it} = \beta_0 + \beta_1 \ln EFF_{it} + \beta_2 \ln Control_{it} + v_{it} + \varepsilon_{it} \tag{5-17}$$

$$\ln ap_{it} = \beta_0 + \beta_1 \ln NUM_{it} + \beta_2 D_i + \beta_3 \ln X_{it} \times D_i + \beta_4 \ln Control_{it} + v_{it} + \varepsilon_{it} \tag{5-18}$$

$$\ln ap_{it} = \beta_0 + \beta_1 \ln EFF_{it} + \beta_2 D_i + \beta_3 \ln X_{it} \times D_i + \beta_4 \ln Control_{it} + v_{it} + \varepsilon_{it} \tag{5-19}$$

其中，i 表示 31 个省区市；t 表示年份，取值为 1995～2018；ap_{it} 为被解释变量，表示第 i 省第 t 年大气污染排放量，包括 SO_2、NO_x 和烟粉尘；$\ln NUM_{it}$ 为解释变量，表示第 i 省第 t 年不同政策措施数量；$\ln EFF_{it}$ 为解释变量，表示第 i 省第 t 年不同政策措施力度；D_i 为虚拟变量，表示重点区域和非重点区域；β_3 为交乘项系数，反映重点区域相比全国其他省份政策力度的减排效果；$Control_{it}$ 为控制变量，包括 GDP、煤炭消费量、第二产业增加值、科技投入及外商投资；β_0 为常数项；v_{it} 为虚拟变量，控制个体固定效应和时间固定效应；ε_{it} 为干扰项。在对不同政策工具减排效果的评估中，SO_2、NO_x、烟粉尘、GDP、第二产业增加值、煤炭消费量、技术市场成交额、外商直接投资金额均来源于国家统计局发布的统计年鉴，此外，利用平减指数对资金量数据进行平减，并对所有数据做对数化处理。

5.4.3　大气污染联防联控政策演变特征分析

1. 政策数量与政策力度演变分析

1995~2018 年政府发布的大气污染联防联控政策数量、政策力度和年平均效力的演变情况如图 5-5 所示。1995 年以来，我国政府颁布的大气污染联防联控政策数量和政策力度在不同年度波动较大，但整体呈明显的上升趋势，表明我国政府越来越重视区域性的大气污染防治。具体来看，在 2007 年以前，各年政策数量和政策力度增长较为平稳，而 2007 年是第一个政策小高峰，这一年国家发布了《国家环境保护"十一五"规划》，强调以 113 个环保重点城市和城市群地区的大气污染综合防治为重点，努力改善城市和区域空气环境质量，随后 2008 年北京奥运会开启了大气污染治理模式从城市单打独斗到区域联防联控方式的转变。2013 年 9 月，我国出台了史上最为严格的《大气污染防治行动计划》，要求进一步加快产业结构调整、能源清洁利用和机动车污染防治，"大气十条"是我国大气污染防治的纲领性文件，各地政府为响应中央号召制定了大量的大气污染联防联控政策，由此迎来 2014 年的第二个政策小高峰。2014 年之后颁布政策的数量和力度均有所下降，出现小范围的波动，这可能是由于政府为充分达到"大气十条"指定目标而较少颁布辅助性政策。

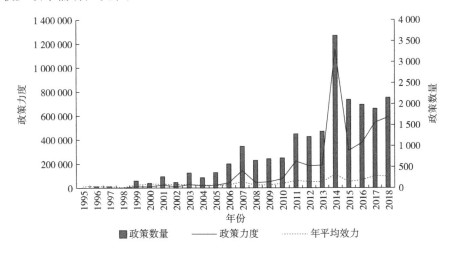

图 5-5　1995~2018 年政府发布的大气污染联防联控政策数量、
政策力度和年平均效力的演变情况

　　为了解政策力度变化的深层次原因，图 5-5 还显示了各年平均效力随时间变化的演变过程。我国大气污染联防联控政策平均效力呈上升趋势，在 2014 年达到最大值。整体上看，2015 年之前各年的政策力度与政策数量的变化趋势基本保持一致，呈周期性波动，说明 2015 年之前大气污染联防联控政策力度的变化主要由政策文件的颁布数量引起；而 2015 年之后，政策数量与政策力度的变化趋势相反，如 2016～2017 年政策数量小幅度下降，但政策力度和平均效力反而呈现上升趋势，说明 2015 年之后政府多以法律、法规或规章的形式颁布政策，且政策发布机构等级提高，从而使政策平均效力提高。这一结论表明我国大气污染联防联控政策力度的增加从 2015 年之后不是由政策数量推动，而是得益于政策本身法律效力的提升，说明我国政府近年来重视系统性、战略性政策的制定，这有利于更大力度上推动区域性大气污染防治。

　　从横向对比角度来看，不同类型政策数量、力度具有显著差异（表 5-21），保障型政策平均数量最多，平均政策力度最强，分别高达 16.49 和 11 660，其次是公众参与型政策、命令控制型政策，而经济激励型政策平均数量最少，平均政策力度最弱，分别仅为 2.343 和 105.6，这些数据表明：大气污染联防联控政策执行过程中存在政策偏好，不同政策工具的进展步调不一致，政府力图通过实行保障型政策推动污染治理能力快速提升。

表5-21　不同类型政策数量、力度描述性统计结果

变量		（1）	（2）	（3）	（4）	（5）
		样本容量	均值	标准差	最小值	最大值
政策数量	命令控制型政策	744	11.51	10.85	0	57
	经济激励型政策	744	2.343	2.738	0	22
	公众参与型政策	744	12.93	15.89	0	68
	保障型政策	744	16.49	19.24	0	158
政策力度	命令控制型政策	744	648.7	631.9	0	3 065
	经济激励型政策	744	105.6	238.1	0	1 628
	公众参与型政策	744	902.3	1 313	0	5 054
	保障型政策	744	11 660	22 632	0	208 948

2. 政策内容演变分析

　　为了深入探究我国大气污染联防联控具体政策措施年度力度的变化，基于上

文的分类结果分析政策具体措施力度变化，如图 5-6 所示。按照政策力度的强弱排序，排名前五项分别是大气综合治理方案、执法监管、结构调整、信息公开和环境税，其中，大气综合治理方案和结构调整政策内容综合性较强，而执法监管、环境税、信息公开分属保障型、经济激励型、公众参与型政策工具范畴。具体来看，这五项措施分布并不均衡，结构调整政策在 2013～2016 年政策力度占比提高，几乎与大气综合治理方案持平，执法监管在 2003 年以后政策力度大幅提高，且占比偏大，信息公开波动性较大。说明随着改善空气质量压力的逐渐增大，政府开始侧重以结构调整为切入点推进大气污染精准治理，运用行政干预手段保障政策施行，倒逼污染治理。

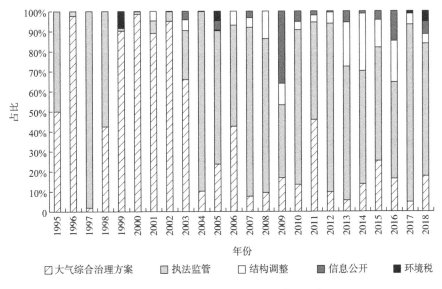

图 5-6　我国大气污染联防联控政策主要类型

　　为探究不同区域政策工具力度变化情况，方便接下来的减排效果评估研究，我们对比了四类政策工具在重点区域和非重点区域的政策力度，如图 5-7 和图 5-8 所示。1999～2018 年，保障型政策力度最高、波动最大，其次是命令控制型政策和公众参与型政策，经济激励型政策力度最低，2017 年后才开始缓慢提升，并且重点区域和非重点区域变化趋势相同。说明各地政府配套使用多种政策工具来构建政策体系，改善环境质量，然而各类政策工具发展步调不一致，政府颁布大量保障型政策以推动、监督政策执行，而经济激励型政策力度在费改税推行后才得以提升。

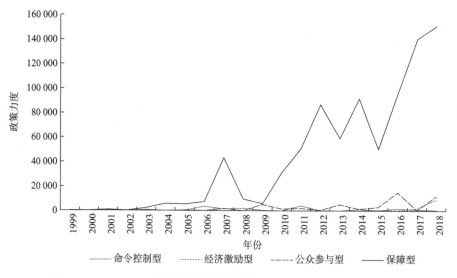

图 5-7　1999～2018 年大气污染联防联控重点区域平均政策力度的演变

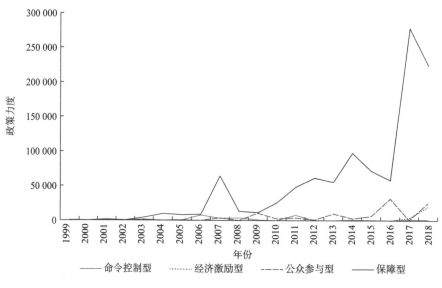

图 5-8　1999～2018 年大气污染联防联控非重点区域平均政策力度的演变

5.4.4　大气污染联防联控政策减排效果分析

1. 全国减排效果分析

对四类不同政策工具的减排效果进行回归分析，结果如表 5-22 所示。很多研究已经指出，大气污染联防联控政策能有效防治区域性、复合性污染，而本书的研究表明，政策工具对污染物排放量具有不同程度的影响，并与政策偏好呈现显著偏差。

表5-22　全国大气污染联防联控四类政策效果评价

变量	政策数量			政策力度		
	（1） $lnSO_2$	（2） $lnNO_x$	（3） lndust	（4） $lnSO_2$	（5） $lnNO_x$	（6） lndust
命令控制型政策	0.003	−0.597***	−0.598*	0.065*	−0.516***	−0.748***
	−0.05	（−3.81）	（−2.03）	−1.7	（−5.33）	（−3.50）
经济激励型政策	−0.217***	−0.127***	−0.292***	−0.260***	−0.115***	−0.313***
	（−5.85）	（−3.04）	（−3.07）	（−6.87）	（−3.83）	（−5.24）
公众参与型政策	0.061	−0.348**	0.133	−0.054*	−0.592***	−0.741***
	（−1.04）	（−2.09）	−0.81	（−1.75）	（−8.64）	（−6.04）
保障型政策	−0.029	−0.073*	−0.009	−0.023	−0.05	0.065
	（−0.84）	（−1.74）	（−0.12）	（−0.74）	（−0.96）	−0.75

***$p<0.01$；**$p<0.05$；*$p<0.1$

在控制其他可能影响污染物排放量的因素下，命令控制型、经济激励型、公众参与型和保障型政策对应系数大都显著为负，说明政策数量和政策力度对主要污染物减排有显著促进作用。其中，命令控制型政策力度和数量的增加会对 NO_x 和烟粉尘产生负的显著影响，政策文本数据表明此类政策力度较高，数量偏多。这个结果与以前的研究结果一致，命令控制型政策通过设置污染物排放总量和标准、颁发排污许可证、限定目标达标期限等方式，能有效限制重污染企业污染排放，激发各级政府污染治理的能动性。经济激励型政策力度和数量的增加会对 SO_2、NO_x 和烟粉尘产生负的显著影响，并且对 SO_2 影响最大。这与学者们得到的结论不谋而合，不少学者的研究表明经济激励型政策工具效果最佳（王红梅和王振杰，2016）。经济激励型政策运用市场调控手段，通过在重污染行业征收环境税、促进排污权交易等方式倒逼企业采用环保设备和技术，从源头上促进减排。相比于其他政策，虽然 2015 年经济激励型政策力度和数量开始提升，但仍然偏低，说明经济激励型政策仍然有较大提升空间。公众参与型政策力度的提升能有效促进 SO_2、NO_x 和烟粉尘减排，现实中此类政策力度较高，而政策数量的提升对污染物减排几乎没有影响。这个结果说明提高此类政策的法律效力能提高污染企业和各级政府对大气污染防治的重视程度，影响公众接受度和参与意愿，进而营造良好的大气污染防治氛围。最后，保障型政策力度和数量的增加难以起到显著的减排效果，而相比于其他政策，保障型政策力度和数量最高。在详细考察保障型政策的状况后，发现这类政策内容大都以监管通报、监测结果、技术规范为主，用来支撑、推进其他政策的实施，难以起到直接减排效果。

2. 重点区域减排效果分析

考虑环境容量不同且经济和技术处于不同阶段地区的减排效果，本书对重点区域四类政策工具减排效果进行回归分析，结果列入表5-23：在控制其他可能影响污染物排放量的因素下，大多数政策措施对应系数显著为负，说明与非重点区域相比，重点区域四类政策工具数量和力度的增加会对 SO_2、NO_x、烟粉尘产生负的显著影响。这个结果说明我国划定重点区域率先推行联防联控政策效果显著，能有效减缓区域性、复合性大气污染。

表5-23　重点区域大气污染联防联控政策效果评估

变量	政策数量			政策力度		
	（1）$\ln SO_2$	（2）$\ln NO_x$	（3）Indust	（4）$\ln SO_2$	（5）$\ln NO_x$	（6）Indust
命令控制型政策	−0.123*** （−3.40）	−0.293** （−2.59）	−0.464*** （−2.79）	−0.089*** （−3.53）	−0.704*** （−2.79）	−0.788*** （−2.65）
经济激励型政策	−0.192*** （−2.74）	−0.086* （−1.93）	−0.223*** （−3.29）	−0.210** （−2.41）	−0.036 （−0.89）	−0.176*** （−3.10）
公众参与型政策	−0.091*** （−4.30）	−0.175*** （−3.41）	−0.182** （−2.33）	−0.071*** （−4.50）	−0.131*** （−3.64）	−0.124** （−2.37）
保障型政策	−0.127*** （−4.13）	−0.126*** （−2.93）	−0.184** （−2.43）	−0.083*** （−4.45）	−0.088*** （−2.87）	−0.144*** （−2.92）

***$p<0.01$；**$p<0.05$；*$p<0.1$

5.4.5　结论与建议

经过以上分析，得到以下结论并提出相应的政策建议。

1. 主要结论

2020 年来我国大气污染治理逐步进入攻坚克难的关键时期，大气污染联防联控政策陆续发布且增速明显，但关于大气污染联防联控政策演变特征和减排效果的研究明显滞后。本章通过系统梳理和量化考察 1995～2018 年共 5 726 份联防联控相关政策，以政策数量和力度为切入点深入探究我国大气污染联防联控政策的历史演进及现实效果。研究发现：

（1）1995 年以来，我国政府颁布的大气污染联防联控政策数量越来越多，政策效力越来越大，对大气污染防治的重视程度越来越大。在演变过程中，2015 年以前政策力度与政策数量的变化趋势基本保持一致，呈周期性波动；而 2015 年以后政策数量与政策力度的变化趋势相反，政策年平均力度呈上升趋势。表明 2015 年前政策力度的变化主要由政策数量驱动，2015 年后政策法律效力开始提升，政策发文部门行政级别和政策类型等级明显提高，这与我国政府开始规划长期性、战略性大气污染防治目标有关。

（2）我国大气污染联防联控政策内容以综合性较强的大气综合治理方案、结构调整为主，重视使用组合政策工具治理大气污染，然而不同类型的政策工具力度差异较大，发展步调不一致，其中保障型政策工具占很大比重，其次是命令控制型和公众参与型政策工具，经济激励型政策工具近年来才开始受到政府重视。

（3）四类政策工具的政策数量、力度与其减排效果出现显著偏差。研究结果表明：经济激励型政策效果最佳，其政策数量和力度都能有效促进三种主要污染物减排，但政策力度和数量最低；命令控制型政策数量和力度的增加对 NO_x 和烟粉尘产生负的显著影响，公众参与型政策力度大比政策数量多减排效果好，其政策力度能有效促进 NO_x 和烟粉尘减排，现实中这两类政策数量和力度都较高；保障型政策减排效果一般，但政策文本数据表明其政策力度和数量最高。另外，实证结果表明，整体来讲，重点区域联防联控政策是应对区域性、复合性大气污染的有效政策。

2. 政策建议

（1）在重视大气污染联防联控政策发布数量的同时，更多地关注政策文件本身的力度。在中国政治语境下，鉴于大气污染联防联控政策的颁布与执行需要区域间、政府间有效协同，建议从战略高度重视对大气污染联防联控政策的整体规划，适当提高相关政策的行政影响力，以便增强地方政府和治理企业的重视程度。

（2）加强各类政策工具的优化组合和创新，促使不同工具优势互补、扬长避短。提高对经济激励型和公众参与型政策工具的重视程度，充分发挥两种政策工具对大气污染减排的促进作用；在做好行政保障的前提下，适当降低保障型政策数量和力度，从政策内容出发设计政策以更好地减排。

5.5　本章小结

本章构建了大气防治政策的空气质量改善效果评估综合方法体系，分别基于不同政策的实施范围、数据特点等特征提出了基于"准实验"方法的多种政策评估模型，明确了各种方法的适用性、假设与基本模型，并提出了基于不同方法的关于规划、标准、监测和防治方面政策的效果评估清单，证实了该评估方法体系的科学、管用与易用。表 5-24 归纳总结了 PSM 模型、双重差分模型、断点回归模型及固定效应模型的适用情况、基本原理与主要特征。

表5-24　多种计量经济模型的适用情况、基本原理与主要特征

评估方法	适用情况	基本原理	主要特征
PSM 模型	找到经济、政治、社会等背景特征相似的地区	根据某些背景特征，在同一时间段将实施地区与未实施地区匹配	假设较强，不允许其他未观测到的混杂因素存在
双重差分模型	适用于试点地区政策的效果评估	根据实施的时间与地区进行两次差分，剔除共同趋势和个体异质性	允许不随时间变化的混杂因素存在，解决选择性偏误
断点回归模型	对比某种政策实施前后的效果	寻找一个变量，利用其临界值决定政策干预对象	断点附近近似于完全随机化实验
固定效应模型	综合评估多种政策措施的实施效果	控制未观测到的个体效应和时间效应，反映每一种措施的影响效应	既适用于离散的政策指标，也适用于连续的政策指标估计

应用上述模型时需严格验证其假设条件是否全部满足，并对研究样本、研究时间、研究变量选取等进行充分全面的稳健性检验，以证实估计结果的准确性。在进行大气污染防控政策效果评估时，应注意需要梳理出在研究时期内各地区同时实施的其他可能对研究结果产生影响的政策，在模型中加入该类政策作为控制变量，以剔除该类政策可能对结果产生的潜在影响，同时注意避免遗漏变量导致模型的有偏估计。除本章介绍的四种模型外，工具变量回归模型、合成控制模型、三重差分模型等基于"准实验"思路的计量经济模型也被应用于环境政策评估领域，感兴趣的读者可自行查阅，在实际政策评估研究中可多种方法结合灵活使用。

第6章 环境-健康-经济协同效益评估方法及应用

为加强环境治理、加快能源转型，中央和地方政府及企业投入了大量资金和资源。通过这些巨大的投入，空气质量的改善也带来了可观的健康效益，这将进一步促进政策措施的制定和实施。PM_{10} 每降低 $10\mu g/m^3$ 可使预期寿命提高 0.64 年，可避免的货币化死亡成本为 134 亿美元，$PM_{2.5}$ 每降低 $10\mu g/m^3$ 将避免大约 92 亿美元的医疗支出（World Bank，2010；Ebenstein et al.，2017；Barwick et al.，2018）。环境的改善将带来巨大的健康效益和经济效益，其是环境治理政策效果的重要部分。因此，应将政策的环境-健康-经济效益纳入环境政策评估框架，以保证政策评估的完整性和科学性。本章在第 5 章政策的环境效果评估基础之上，进一步介绍政策的健康经济协同效益核算方法及其应用，有助于为从多角度综合评估大气治理政策效果提供科学的方法。

6.1 环境-健康-经济协同效益评估方法

本节主要介绍政策的环境-健康-经济协同效益评估方法，从成本和效益两个方面评估环境政策的有效性。成本主要包括政府环境治理成本（如政府环保补贴和基础设施建设等）、企业环保投资（如设备改造）和居民环保支出等；效益主要包括政策产生的健康和经济效益。具体的成本和效益因各项政策的实施特点和对象而有所差异，所以本节以第 5 章中的清洁取暖政策为例介绍该方法。

6.1.1　健康协同效益核算

环境质量的改善，如 PM_{10}、SO_2 等污染物浓度的降低可减少由空气污染造成的患病及过早死亡人数（Vandyck et al.，2018）。本节基于第 5 章大气污染政策评估得到的空气质量改善及污染物浓度变化数据，应用暴露-反应模型核算大气污染政策的健康协同效益，作为政策的成本效益分析的重要部分。

1. 健康效应测量的指标

影响人体健康的主要空气污染因子包括各种燃料燃烧、交通运输等产生的可吸入颗粒物、SO_2、NO_x、臭氧、CO 等污染物。不同污染物的理化特点各异，但其对呼吸道均有刺激作用，影响血液系统，可引起急慢性呼吸道炎症、肺部症状等疾病，甚至造成过早死亡。流行病学研究通常用发病率、患病率、死亡率或相对危险来度量健康效应。

2. 暴露-反应关系

由于空气污染的健康暴露-反应关系受到不同人群年龄结构、健康状况、生活方式差异的影响，因此本部分应用 Meta 分析梳理了中国多地区健康终端的暴露-反应关系（表 6-1 和表 6-2）。

表6-1　中国城市大气污染健康终端效应时间序列研究的Meta分析结果

（污染物质量浓度每增加1μg/m³，健康终端增加的百分比）

健康终端	污染物	系数	标准差（SE）
全因死亡率	PM_{10}	0.03%	0.01
	SO_2	0.04%	0.01
CVD[1] 死亡率	PM_{10}	0.02%	0.008
	SO_2	0.04%	0.01
呼吸系统疾病死亡率	PM_{10}	0.06%	0.02
	SO_2	0.06%	0.02
门诊人次	PM_{10}	0.012%	0.004
	SO_2	0.02%	0.01

健康终端	污染物	系数	标准差（SE）
小儿科门诊人次	PM_{10}	0.05%	0.02
	SO_2	0.08%	0.03
内科门诊人次	PM_{10}	0.03%	0.01
	SO_2	0.05%	0.02
急诊人次	PM_{10}	0.01%	0.01
	SO_2	0.04%	0.01
住院人次	PM_{10}	0.11%	0.015
	SO_2	0.21%	0.066
CVD 住院人次	PM_{10}	0.07%	0.02
	SO_2	0.19%	0.04
呼吸系统疾病住院人次	PM_{10}	0.12%	0.03
	SO_2	0.17%	0.04
成人慢性呼吸系统疾病	PM_{10}	0.31%	0.02
儿童慢性呼吸系统疾病	PM_{10}	0.44%	0.02

1）cardiovascular disease，心血管疾病

资料来源：Aunan 和 Pan（2004）

表6-2　PM_{10} 与患病率的暴露-反应关系

健康终端	疾病	Beta	标准差
住院	RD[1]	0.12	0.02
	CVD	0.07	0.02
患病率	慢性支气管炎	0.48%	0.04%

1）respiratory disease，呼吸系统疾病

资料来源：Aunan 和 Pan（2004）

6.1.2　健康-经济效益估算模型

参考过孝民等（2009），评价空气污染降低带来的健康收益的公式为

$$P_{di} = \left(f_{ti} - f_{pi} \right) \times P_e \tag{6-1}$$

其中，P_{di} 为由于污染造成的健康危害数量（过早死亡人数、住院人数、发病人数等）；f_{ti} 为初始污染条件下健康危害终端 i 的年发生率（住院率、门诊率等）；f_{pi} 为政策实施后污染降低下的健康危害终端 i 的年发生率；P_e 为暴露人口。

f_{pi} 可以由健康危害的一般表达式得出，即

$$f_{pi} = f_{ti} \times \exp\left(\Delta C_i \times \beta_i / 100\right) \tag{6-2}$$

其中，β_i 为回归系数，即污染物浓度每变化 $1\mu g/m^3$ 健康危害 i 变化的百分数；C_i 为实际空气污染物浓度与健康危害空气污染物浓度阈值之差。

在已知健康终端的相对风险 RR 时，用以下公式计算健康危害的实物量：

$$RR = f_p / f_t \tag{6-3}$$

$$P_{di} = \frac{(RR_i - 1)}{RR_i} \times f_{pi} \times P_e \tag{6-4}$$

除健康效益外，空气质量的改善，特别是 SO_2 浓度的下降，也减少了酸雨造成的农林业损失和建筑材料的经济损失。

1）SO_2 污染的农作物减产计算公式

$$L = \sum_{i=1}^{i} a_i P_i S_i Q_i \tag{6-5}$$

其中，L 为环境污染引起农作物减产损失的价值；P_i 为损失的 i 种农作物的市场价格；S_i 为 i 种农作物的种植面积；Q_i 为对照点 i 种农作物的单位面积产量；a_i 为环境污染引起 i 种农作物减产的百分数。

2）酸雨对林木产量损失率的计算

$$P_n = \frac{C_{ij} \times C}{D_{ij}} \times 100\% \tag{6-6}$$

受酸雨危害森林产量的损失

$$C_{ij} = D_{ij} - d_{ij} \tag{6-7}$$

其中，P_n 为林木产量损失率；D_{ij} 为参照地区同类森林的产量（不受酸雨危害的）；d_{ij} 为评价地区受酸雨危害的森林产量；C_{ij} 为受酸雨危害森林产量的损失；C 为酸雨对林木生长和产量贡献的分数或相对百分数。

3）建筑物材料暴露存量的估算

计算材料存量 S_i 时有两种方法，一种是利用单位建筑面积的材料暴露量 [式（6-8）]，另一种是利用人均建筑物材料暴露量[式（6-9）]。

$$S_i = \lambda_i \times M \tag{6-8}$$

$$S_i = K_i \times P \tag{6-9}$$

其中，λ_i 为单位建筑面积中材料 i 所占比例（%）；K_i 为材料 i 的人均占有量（米^2/人）；M 为总建筑面积（万平方米）；P 为人口。

6.2　清洁取暖政策的环境–健康–经济协同效益分析

本节以清洁取暖政策为例，介绍环境政策的环境–健康–经济协同效益信息。清洁取暖投入了大量资金用于居民、企业设备改造、运行补贴，以及基础设施建设等工程。2017～2019 年，针对三批 43 个补贴试点城市，中央财政奖补资金投入 470.7 亿元。基于 5.2 节中清洁取暖的污染物改善效果研究，构建广义相加模型以得出清洁取暖的空气质量改善带来的健康收益，进一步应用修正人力资本法、疾病成本法将健康收益货币化，得出清洁取暖带来的健康经济收益。基于成本收益理论，综合考虑清洁取暖产生的经济成本，包括政府补贴成本及居民承担的原材料成本、设备成本等，综合评估清洁取暖实施的成本效益，为清洁取暖的推广提供科学依据，为大气污染防控政策的健康经济协同效应研究提供方法论。

6.2.1　清洁取暖政策的经济成本核算

2017 年，中央财政奖补资金投入 60 亿元，12 个试点城市地方政府共投入 226.29 亿元（含省级补助资金）；2018 年，试点城市扩大到 35 个，中央财政奖补资金投入 139.2 亿元，35 个试点城市共投入 328.8 亿元；2019 年，中央财政奖补资金投入 271.5 亿元，地方财政投入 213.7 亿元（含省级补助资金）。从目前清洁取暖试点的实际投入来看，补贴的内容主要包括"煤改气"、"煤改电"及可再生能源供暖的一次投入和运行补贴。本书对清洁取暖城市补贴政策进行了梳理，详见下文。

1. 政府补贴成本核算

"2+26" 城市均出台了具体的"煤改电"补贴政策，包括设备补贴及运行补贴。在设备补贴方面，"煤改电"设备补贴比例基本大于 50%，最高补贴额为 2 000～14 000 元；在运行补贴方面，电价补贴为 0.2～0.4 元/千瓦时，最高额为 420～2 400 元/户。此外，大部分试点城市制定了阶梯价格和峰谷价格优惠政策。在阶梯电价的基础上，12 个试点城市在采暖季均叠加了峰谷电价，除河南各市外，均适当延长了谷段时间（不超过 2 小时）；太原市扩大销售侧峰谷电价差，将峰谷段价格下调了 0.03 元/千瓦时。附表 4a 为各城市"煤改电"补贴额。

基于各市的"煤改电"补贴户数及运行补贴和设备补贴政策,计算各市 2017~2019 年"煤改电"补贴额,包括设备补贴及运行补贴,如图 6-1 所示。整体而言,2017 年"煤改电"补贴总额为 186 亿元,2018 年补贴总额增加 17%,为 217.62 亿元,2019 年由于改造户数相对减少,补贴总额与 2018 年基本持平。其中,设备补贴为主要的补贴开支。以 2017 年为例,各市的电力运行占总补贴额比重为 11%~31%,每户 600~2 400 元;设备补贴额占总补贴额比重为 69%~89%,每户补贴 600~7 400 元。从各市补贴总额来看,邢台、廊坊、聊城由于改造户数较高,单户设备补贴额较高,因此补贴总额较高,2017 年补贴总额分别为 9.97 亿元、6.57 亿元和 5.1 亿元。

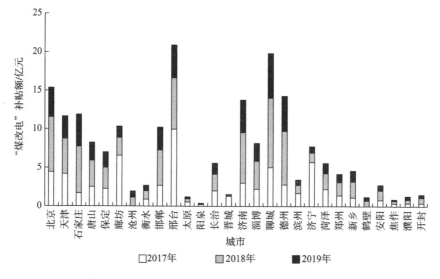

图 6-1　2017~2019 年"2+26"城市"煤改电"补贴额

资料来源:根据各省市生态环境局公布数据整理所得

"2+26"城市均出台了明确的"煤改气"补贴政策,包括设备购置补贴、运行补贴及管网补贴。在设备购置补贴方面,补贴比例普遍在 50%以上,最高补贴上限为 2 000~6 500 元;运行补贴方面,各市气价补贴为 0.5~1.4 元/米^3,天然气用量总补贴额为 600~2 800 元/户;除河南、山东两省外,其余各省市提供管网设备安装补贴为 2 600~5 000 元/户,各城市差异比较大,详见附表 4b。

此外,大部分城市制定了阶梯价格和峰谷价格优惠政策。阶梯气价方面,天津等城市取消了"煤改气"用户采暖季阶梯气价,部分城市增加了采暖期阶梯气价一档气量,如鹤壁对"煤改气"用户增加阶梯气价一档气量 100 立方米。

基于各市的"煤改气"补贴户数及补贴政策,计算各市 2017~2019 年"煤改气"

补贴额，包括设备购置补贴、运行补贴和管网补贴，如图 6-2 所示。整体而言，2017 年"煤改气"补贴总额为 144.6 亿元，2018 年补贴总额增加 6.6%，为 154.1 亿元。其中，对管网补贴的城市而言，其管网补贴为主要的补贴开支，其次是设备购置补贴。从各市补贴总额来看，天津由于每户设备补贴额较高，石家庄和廊坊由于改造户数较多，从各市的补贴总额来看，北京市的补贴总额最高，其次为石家庄和保定。

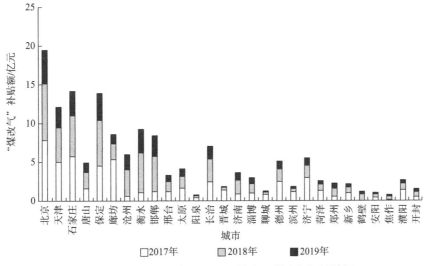

图 6-2 2017～2019 年"2+26"城市"煤改气"补贴额

资料来源：根据各省市生态环境局公布数据整理所得

2. 居民成本核算

本部分计算各市"煤改气"或"煤改电"每户居民的取暖成本，具体见表 6-3。每户居民"煤改气"取暖成本为 2 200～7 400 元，其中太原居民"煤改气"取暖成本最低，因为政府设备补贴较高，且太原取暖天然气费用较低。郑州、新乡、安阳、焦作等市的居民取暖成本较高，由于河南省未提供管网补贴，且运行补贴较低，为 600～1 000 元/户。每户居民的"煤改电"取暖成本为 3 100～7 300 元，阳泉、沧州、保定等地的居民取暖成本较高，主要是由于较低的政府设备补贴或较高的电费。

表6-3 "2+26"城市每户居民清洁取暖成本

城市	"煤改气"			"煤改电"		
	运行成本/元	设备成本/元	占可支配收入比重	运行成本/元	设备成本/元	占可支配收入比重
北京	3 290	1 800	6.46%	3 282	1 309	5.19%
天津	2 947	1 800	7.92%	3 104	1 271	8.18%
石家庄	2 951	1 671	12.65%	2 992	1 306	12.67%

城市	"煤改气"			"煤改电"		
	运行成本/元	设备成本/元	占可支配收入比重	运行成本/元	设备成本/元	占可支配收入比重
唐山	2 947	1 157	11.02%	2 992	1 306	11.24%
保定	3 431	1 157	18.06%	2 992	1 306	15.90%
廊坊	3 068	1 157	11.65%	2 992	1 306	11.42%
沧州	3 545	2 143	17.61%	3 992	2 143	19.70%
衡水	2 774	1 157	16.05%	2 992	1 306	17.34%
邯郸	3 671	857	17.75%	3 792	1 306	18.53%
邢台	3 731	857	11.15%	4 092	1 306	13.39%
太原	1 645	555	5.88%	2 112	1 071	7.67%
阳泉	3 697	1 333	16.35%	3 512	1 071	15.45%
长治	2 947	1 286	14.97%	2 112	1 071	10.80%
晋城	3 137	722	14.56%	2 208	1 071	10.50%
济南	4 502	1 333	9.94%	3 312	1 305	7.38%
淄博	3 466	1 157	9.09%	3 312	1 006	8.66%
聊城	2 999	4 000	13.47%	4 280	1 000	8.55%
德州	3 234	4 000	14.75%	4 280	1 000	8.99%
滨州	2 774	1 333	8.83%	3 312	3 400	11.09%
济宁	3 147	1 333	10.12%	3 512	1 000	7.07%
菏泽	3 355	1 333	14.46%	4 280	1 000	8.41%
郑州	3 824	3 833	11.67%	4 776	2 333	13.90%
新乡	3 806	2 333	13.90%	4 776	2 600	17.32%
鹤壁	3 582	2 333	13.38%	4 776	1 233	8.58%
安阳	3 841	2 333	13.39%	4 776	2 333	16.47%
焦作	3 095	3 833	11.91%	4 376	1 800	10.96%
濮阳	3 616	3 833	13.88%	4 776	1 800	12.58%
开封	3 593	3 833	14.80%	4 476	857	16.98%

注：占可支配收入比重为每户家庭清洁取暖总成本占每户家庭取暖季总可支配收入的比重

为反映取暖成本变化对每户家庭生活成本的影响，本节计算了居民取暖成本占家庭可支配收入的比重。其中，该比重最低的 5 市为北京、天津、太原、济南、淄博，表明清洁取暖成本的变化对该市居民生活成本影响较低；居民取暖成本占家庭可支配收入的比重较高的 5 市为阳泉、沧州、邯郸、保定和衡水，均为地级市。较高的供暖成本压力主要来自中央及省政府对地方政府的补贴不足，较高的供暖成本加剧了相对欠发达地区居民的生活成本压力。我国中央政府的清洁取暖补贴依据是直辖市 10 亿元/年，省会城市 5 亿元/年，地级市 3 亿元/年，但地级市经济相对直辖市及省会城市欠发达，一方面缺少资金进行设备改造和用户补贴，另一方面对居民的用户补贴更低，加重了欠发达地区居民的取暖成本。

6.2.2　清洁取暖政策的健康–经济效益分析

　　基于清洁取暖对空气质量的改善效果研究，得出清洁取暖在各省市的空气质量改善效果，空气污染物的降低能够产生健康收益。基于各省市 $PM_{2.5}$ 改善效果，计算各省市清洁取暖产生的健康效应，包括心血管疾病、呼吸系统疾病等疾病减少的住院人数、门诊人数、过早死亡人数（表 6-4）。整体来看，清洁取暖产生了 83.2 万人的健康收益，占总人口的 3.5‰。从减少的住院人数、门诊人数和过早死亡人数来看，河北、河南和山东的健康收益最大。通过健康经济货币化计算，得出清洁取暖的健康经济收益，全部地区总收益为 182 亿元。通过收益成本计算，各省市的健康经济总收益均大于各省市的清洁取暖总成本。各省市的收益成本比从大到小依次为天津、北京、山西、河北、河南和山东，分别为 2.71、2.55、2.25、1.92、1.51 和 1.10。

表6-4　清洁取暖健康成本收益

省/市	健康效应					健康经济收益/亿元	收益成本比
	住院/人	门诊/人	过早死亡/人	总人口/人	占总人口比重		
北京	29 396.4	17 268.6	46 402.7	45 736.3	3.38‰	429.895	2.55
天津	22 527.5	13 233.4	35 559.8	35 049.1	3.37‰	220.636	2.71
河北	246 273.5	144 645.1	389 089.6	383 323.9	6.03‰	249.711	1.92
山西	40 655.4	23 879.2	64 220.9	63 274.9	5.52‰	265.035	2.25
山东	79 637.9	46 784.2	125 685.5	123 892.8	2.79‰	115.534	1.10
河南	116 122.9	68 206.3	183 421.7	180 725.3	5.35‰	168.789	1.51

　　以上研究结果表明，清洁取暖有助于改善空气质量，可显著降低日度空气污染，增加空气质量优良的天数，减少重污染天数。中央财政补贴可进一步改善空气质量，使污染物进一步下降 0.9%~4.9%。此外，研究发现用天然气代替煤并未比清洁用煤对空气质量的改善效果更好，清洁煤消耗量增长不会导致空气质量恶化。从经济成本上看，以气代煤，使居民采暖支出增加了 1.6 倍。通过清洁取暖成本收益核算分析，发现清洁取暖中央财政补贴总额逐年上升，补贴从"煤改气"向"煤改电"倾斜。由于不同地区的运行补贴和设备补贴额度不同，清洁取暖带来的供暖成本变化对不同地区居民的影响不同，特别是对相对欠发达地区省市级补贴不足、居民可

支配收入相对较低，供暖成本变化导致的居民能源贫困问题加剧。

6.2.3　清洁取暖的政策建议

基于以上研究结论，本节针对未来清洁取暖政策的制定与推广提出以下政策建议。

1. 执行差异化补贴政策，提高补贴的精准性

充分考虑各城市经济社会发展不平衡、清洁取暖路径成本差异的现实情况，建议中央财政补贴从按行政级别的补助标准转变为按经济水平分档的固定产出补贴标准，补贴应向经济困难地区、污染严重地区、人口密集地区倾斜（李艳洁，2019）。建立绩效补贴机制，激励地方政府建立清洁取暖长效机制，对于年度绩效评价结果为"优秀"的城市给予额外的奖励资金。在居民补贴方面，建立收入水平差异化的补贴标准，同时对农村分散供养特困人员、低保户、贫困残疾人家庭和建档立卡贫困户等四类重点对象，直接给予最高补贴标准；建立技术差异化的补贴标准，立足于中长期的发展规划，结合不同清洁取暖技术的经济性和商业成熟度制定差异化的补贴标准，提高目标技术的应用比例（于学华，2019）。

2. 引入市场化机制，推动供能主体多元化

提高供应保障和应急调峰能力，保证天然气、电力等能源供给、输送的稳定与安全，用市场化机制解决政府对供暖企业的补贴问题。可学习河北省的发展经验，组建省燃气集团，以河北建投天然气发展有限责任公司为发起方，通过市场化组建合资公司等方式，吸纳中石油、中石化、中海油气源企业和省内重点燃气企业参股，强化天然气统筹管理，优先规划建设省内天然气主干管网和支线管网，统一与上游气源企业衔接落实气源，推动签订锁定气量气价的中长期合同，对下游供气和燃气企业协调分配气源、签订用气合同。

3. 推进可再生取暖试点建设，强化可再生能源供热补贴

由于能源供给与经济压力，我国的清洁取暖难以依靠一两种能源来解决。因此，各省市应根据自身条件，发挥清洁煤、电力、天然气、地热等多种清洁能源的优势，积极开展光热+、光伏+、石墨烯聚能电暖、生物质成型燃料等多种清洁能源互补利用方式试点示范，选择条件好的地区，试点推广、示范带动，因地制

宜推进新能源取暖（樊金璐，2019）。同时，可再生能源供热经济激励政策不够明确，补贴力度不足。在北方清洁取暖的 35 个试点城市（前两批试点）中，所有城市均对"煤改电"和"煤改气"制定了明确的补贴政策，补贴覆盖一次投入（设备补贴）和使用补贴，其中"煤改电"和"煤改气"设备补贴普遍超过 50%。35 个试点城市中，石家庄、衡水、太原、郑州、鹤壁、菏泽、洛阳、焦作、濮阳、西安、咸阳等 11 个城市制定了针对性的激励政策，促进生物质、太阳能、地热等可再生能源在供暖领域的应用，天津、邯郸和沧州等 3 个城市明确了可再生能源供热补贴主要参考"煤改气"或"煤改电"补助政策，其余试点城市并未提出明确的补贴政策和标准（于学华，2019）。

6.3　本章小结

本章基于环境经济学理论将环境质量改善的经济效益与投入的资金进行比较分析，提出了综合考虑政府、企业、居民等多主体的环境治理政策成本分析及健康经济收益分析框架，并以清洁取暖政策为例，对清洁取暖空气质量改善带来的健康经济协同效应进行评估，并分析了清洁取暖的成本效益，提出了相应的政策建议。

由于研究结果受到一系列不确定性和局限性的影响，目前的研究还存在一定的不足。

（1）清洁取暖政策包括解决散煤燃烧问题、推进燃煤供热设施清洁改造、以煤代气或以电代煤等。本章仅对"煤改气"和"煤改电"项目的成本效益进行了评价，没有对清洁取暖的整体效果进行评价。减少散煤和以电代煤对改善空气质量的影响将在今后进行研究。

（2）本书只考虑政府补贴、设备补贴和居民供暖费等费用。由于缺乏关于淘汰设备的详细资料，旧供热设备的剩余预期价值的损失没有考虑在内，这可能低估了清洁取暖的总成本。

第7章 环境政策的区域协同效益评估方法及应用

为了治理环境问题，各级政府制定了污染控制计划或条例，不同地区的环境规制程度不同（Jin et al.，2005；Zheng，2007）。环境规制衍生的"搭便车"行为削弱了其有效性，增加了环境成本（Sigman，2005）。例如，由于北京的环境法规更为严格，高污染工业企业被迫迁往环境措施更为宽松的城市（如河北省唐山市和保定市）。因此，环境规制对城市群的污染溢出具有一定的影响。探讨环境政策的协同效应，明确区域内和跨区域的污染转移机制对于区域间的环境协同治理具有重要的意义，因此本章首先介绍区域协同效应的评估方法——空间计量模型，其次以我国大气污染联防联控为例介绍该方法的应用，最后给出相应的政策建议。

7.1 基于空间计量模型的区域协同效应评估方法

空间计量经济学是计量经济学的一个分支，研究的是如何在横截面数据和面板数据的回归模型中处理空间相互作用（空间自相关）和进行空间结构（空间不均匀性）分析（钟奥，2017）。空间计量通过引入权重矩阵的方式来考察地理相邻地区环境治理政策对当地的影响，也就是空间溢出效应。其可以防止计量经济建模中存在的内生性问题，同时可以考察空间溢出的影响方向，即正向溢出或负向溢出。本节主要对空间计量方法做简要的介绍。

7.1.1　空间相关分析

采用全球 Moran's I 空间相关分析方法，可以研究城市群污染物（如 $PM_{2.5}$）浓度的空间分布格局。全球 Moran's I 通过计算 Moran's I、z 值和 p 值来估计指数的统计显著性。它的值范围为 $-1\sim1$，-1 表示空间差异值的完美聚类，0 表示完全随机离散，1 表示空间相似值的完美聚类（Moran，1950）。Moran's I 由式（7-1）计算：

$$I = \frac{n}{S_0} \frac{\sum_{i=1}^{n}\sum_{j=1}^{n} w_{i,j} z_i z_j}{\sum_{i=1}^{n} z_i^2} \qquad (7\text{-}1)$$

其中，$w_{i,j}$ 表示点 i 和 j 的空间权重的权重矩阵；z_i 为点 i 处的样本值；n 为观测值；S_0 为空间权重之和。

7.1.2　空间回归模型构建

空间溢出效应的存在违背了变量之间应该相互独立的假设。因此，采用空间计量经济模型来修正由空间相关性引起的回归结果的有偏估计（Anselin，1988）。空间相关性存在于因变量和自变量中。空间杜宾模型（spatial Dubin model，SDM）可以基于邻域观测值的加权平均来估计协变量对响应变量的影响。最大似然估计（maximum likelihood estimation，MLE）可以避免空间参数和标准差的有偏估计（Du et al.，2018；LeSage and Pace，2009）。本节利用 SDM 和 MLE 估计，用式（7-2）可以检验环境规制的空间溢出影响。

$$Pm_{it} = \rho W Pm_{ij} + \alpha_1 Regulation_{ij} + \alpha_2 W Regulation_{ij} + \beta Z + \varepsilon_{ij} \qquad (7\text{-}2)$$

其中，因变量 Pm_{ij} 为 i 市的年 $PM_{2.5}$ 浓度；W 表示空间权重矩阵；WPm_{ij} 为空间自变量；主要自变量 $Regulation_{ij}$ 表示通过工业 SO_2 和烟尘去除率反映的规制强度（Wang et al.，2014）。工业 SO_2 和工业烟尘自 1973 年起被纳入大气污染管制，是以去除率作为环境管制的替代变量，反映大气污染控制政策的变化。另外，工业 SO_2 和 NO_x 污染物是 $PM_{2.5}$ 二次转化的前体物。$WRegulation_{ij}$ 为空间自变量，表示自变量之间的外生相互作用。Z 为控制变量的向量，是基于人口、经济和技术的可拓展的随机性的环境影响评估框架选择的。可以使用人口密度来反映人类活动的影响，使用人均 GDP 和第二产业占 GDP 的比例来反映经济水平和产出的影响，使用技术支出的比例（Porter and van der Linde，1995；Qiu et al.，2018）来反映技术的影响（Dietz and Rosa，1994）。此外，考虑到环境管制的作用，本书还增加了外商直接投资的比例、地方政府财政支出的比例和地理位置作为控制变量（Ulph，2000；Hoffmann et al.，2005）。系数 ρ 为空间自回归的一个参数，反映了相邻空间要素 $PM_{2.5}$ 平均浓度对局部 $PM_{2.5}$ 浓度的影响。α_1 和 α_2 分别反映了当地和周边城市环境调控对当地 $PM_{2.5}$ 的影响。ε_{ij} 为误差项。可以将所有变量转换成对数形式以减少异方差。

7.2　区域协同视角下环境规制的空间溢出效应评估

　　本节以大气污染防治政策为例，评估区域间环境规制的空间溢出效应。许多研究评估了环境法规和跨境污染的绩效（Zeng and Zhao，2009；Wang and Shen，2016；Huang et al.，2018）。例如，Zeng 和 Zhao（2009）用空间模型检验了污染天堂假说，发现与农业相比，制造业经常造成跨界污染，制造业的集聚效应可以降低污染的影响。通过评估废水收费系统的影响，Cai 等（2016）强调了水污染的跨境溢出效应，发现下游收费较低的县水污染较严重。然而，在城市群层面上，环境规制对大气污染的溢出效应研究却相对较少。探讨环境规制的溢出效应，明确城市群内部污染转移的机制，势在必行，同时本书结论对我国和其他发展中国家的区域污染控制具有启示意义。

　　以往对大气污染溢出效应的研究主要集中在省级或企业级。例如，Shao 等（2016）利用夜间卫星数据验证了 30 个省区市 $PM_{2.5}$ 的空间溢出效应。Wang 和 Shen（2016）发现，工业废水和排放物的有效溢出距离分别为 35 千米和 56 千米。然而，由于地理空间属性和区域经济发展，空气污染在中国具有显著的空间聚集性。由于大气污染物的复杂性和区域性特点，城市群的污染比城市更严重，更难控制（Wang et al.，2017）。2018 年京津冀、长三角和珠三角 $PM_{2.5}$ 浓度分别为 $62\mu g/m^3$、$41\mu g/m^3$ 和 $30\mu g/m^3$。京津冀地区的年均 AQI 及京津冀和珠三角冬季月均 AQI 均未达到国家环境空气质量标准。此外，三个城市群均呈现出经济和污染的空间集聚（Du et al.，2018）。然而，在财政分权机制下，由于利益协调问题，各市大气污染治理力度不一，很难建立一个全面统一的环境管理体系，空气污染的外溢现象时有发生。因此，识别城市群污染的溢出特征并分析环境规制的空间溢出效应及其影响因素十分重要，本节从区域协同视角评估环境规制的空间溢出效应。

7.2.1　研究样本与数据

由于大气污染的复合性和区域性特点，城市群是大气污染联防联控的主要单元（Sheehan et al., 2014）。本书选取中国三大城市群，即京津冀、长三角和珠三角地区为研究对象。这三个城市群是城市化进程迅速、人口密集、工业化程度较高的代表区域。核心工业城市排放的大气污染物向周边城市扩散，强化了污染的空间相互作用，城市群是大气污染的高发区和集中区。京津冀、长三角和珠三角地区位于中国的北部、东部和南部。根据《国家新型城镇化规划（2014—2020 年）》《长江三角洲城市群发展规划》《广东省新型城镇化规划（2016—2020 年）》，研究确定了三个城市群的范围。京津冀城市群覆盖北京、天津和河北 11 个市，面积 21.49 万平方千米。长三角城市群覆盖上海市和苏、浙、皖三省 25 个城市，总面积 21.31 万平方千米。广东省有 14 个城市属于珠三角城市群，面积 12.07 万平方千米。就人口而言，长三角的人口数最多（13 002 万人），其次是京津冀（10 111 万人）和珠三角（5 136 万人）（国家统计局，2018）。经济发展方面，长三角地区生产总值约 14.7 万亿元，占全国 GDP 的近 20%；京津冀和珠三角的生产总值分别约为长三角的一半（国家统计局，2018）。

三个城市群的大气污染物特征和污染程度各不相同，是因为其经济水平、地理位置、产业结构和能源结构存在差异。此外，这些地区的大气污染联防联控过程也不尽相同。例如，珠三角城市群最早成立了联防联控小组，京津冀和长三角城市群分别于 2013 年和 2014 年成立了联防联控小组。选取三个城市群，不仅可以考察环境规制对空间溢出的影响，而且可以分析城市群间污染溢出异质性的社会经济驱动因素。

PM$_{2.5}$ 数据是从美国国家航空航天局（National Aeronautics and Space Administration，NASA）监测的卫星数据中提取的，NASA 提供了 0.01 度的网格数据集，可转换为城市一级的数据。利用 ArcGIS 软件对 PM$_{2.5}$ 网格数据进行解析，通过计算网格 PM$_{2.5}$ 数据的平均值，得出城市层面的 PM$_{2.5}$ 浓度。虽然卫星监测数据的精度低于地面实测数据，但卫星监测可以弥补地面基站不足造成的空间故障。从时间上看，卫星监测更具可持续性和稳定性，适用于不同时段、不同区域的空气质量对比分析。2006~2018 年工业 SO$_2$ 和烟尘去除率、GDP、对外直接投资、人口、第二产业产值、技术支出和政府支出数据来自省级统计年鉴（北京市统计局，2019 年；天津市统计局，2019 年；河北省统计局，2019 年；上海市统计局，2019 年；浙江省统计局，2019 年；江苏省统计局，2019 年；安徽省统计局，2019 年；

广东省统计局，2019 年)。为消除通胀影响，2018 年 GDP 在 2000 年转为不变价格，以国家统计局的年平均汇率为基础，将美元在外商直接投资中的占比计算为人民币。

7.2.2　区域大气污染的溢出效应分析

　　城市级的空气污染受到当地生产活动和由于其他地区大气传输而产生的排放物的影响 (Li et al.，2016)。三个城市群的经济发展水平各不相同，核心城市与周边城市经济发展差距较大。在这一部分中，分析城市群中污染物的空间溢出效应。表 7-1 显示了 2006~2018 年城市群 PM$_{2.5}$ 浓度的 Moran's I 值。对于京津冀地区，Moran's I 值高于 0.3，始终在 1% 水平上显著，表示受污染城市的周边地区经常受到严重污染。长三角地区空间溢出效应较高，平均 Moran's I 值为 0.5。珠三角地区的空气质量要好得多，2006~2016 年，该城市群的正空间相关性相对较低，而 2017 年和 2018 年的 Moran's I 值接近 0，珠三角城市群 PM$_{2.5}$ 浓度受周边城市影响较小，城市 PM$_{2.5}$ 分布具有随机性。总体而言，三个城市群均存在空间溢出效应。京津冀和长三角地区的 PM$_{2.5}$ 空间相似性高于珠三角地区，说明两地大气污染的空间相关性较强，这些城市群的政府应加强区域一级的空气污染联防联控。

表7-1　空间自相关估计的Moran's I值

变量	京津冀	长三角	珠三角
PM$_{2.5}$_2006	0.633***	0.655***	0.276***
PM$_{2.5}$_2007	0.631***	0.679***	0.249***
PM$_{2.5}$_2008	0.630***	0.662***	0.269***
PM$_{2.5}$_2009	0.612***	0.671***	0.307***
PM$_{2.5}$_2010	0.625***	0.635***	0.299***
PM$_{2.5}$_2011	0.626***	0.672***	0.346***
PM$_{2.5}$_2012	0.546***	0.671***	0.347***
PM$_{2.5}$_2013	0.525***	0.703***	0.400***
PM$_{2.5}$_2014	0.593***	0.712***	0.318***
PM$_{2.5}$_2015	0.640***	0.686***	0.234***
PM$_{2.5}$_2016	0.605***	0.510***	0.217***
PM$_{2.5}$_2017	0.404***	0.436***	−0.022
PM$_{2.5}$_2018	0.412***	0.503***	−0.002

***$p<0.01$

　　进一步，利用局部空间关联指标 (location indicators of spatial association，

LISA）来检验局部空间单元是否存在空间集聚（Anselin，1995；Zhou et al.，2019）。LISA 能够识别局部空间簇并估计每个位置的影响。在图 7-1 中，Moran's I 的散点图显示了给定位置（X 轴）相对于其相邻值（Y 轴）的值。散点图中有四个象限。第一象限（HH）和第三象限（LL）中的点分别表示高于或低于平均值的正空间相关性（刘紫薇，2018）。第四象限（HL）和第二象限（LH）表示负空间相关性，正斜率表示正的空间相关性，反之亦然。

京津冀地区的大多数城市分布在第一象限和第三象限[图 7-1（a）]。空间相关性反映了 HH 和 LL 的浓度，正相关表明，城市间 $PM_{2.5}$ 的高、高观测值密切相关，低、低观测值也密切相关。河北省南部的邢台、衡水、石家庄、邯郸、廊坊等城市集中在第一象限，反映出 $PM_{2.5}$ 浓度较高的城市相邻。第三象限包括承德、秦皇岛和天津，反映出空气质量较好的城市毗邻。北京、唐山和保定在第四象限。张家口分布在第二象限，代表高污染城市被低污染城市包围。

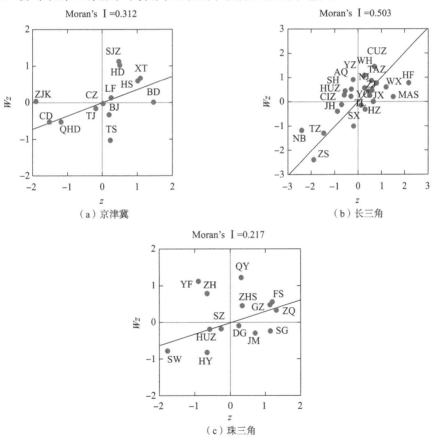

图 7-1　2018 年京津冀、长三角、珠三角城市群 $PM_{2.5}$ 浓度的 Moran's I 散点图

长三角城市群的大部分城市分布在第一象限，呈现出正相关关系，如图 7-1（b）所示。第一象限集中度最高，城市数量最多，包括安徽的马鞍山、合肥、滁州、芜湖，浙江的嘉兴，江苏的台州、常州、镇江、南通、盐城、无锡、南京。第四象限包括铜陵和杭州，其 $PM_{2.5}$ 浓度很高，但周围都是空气质量较好的城市。

同样，珠三角大部分城市位于第一象限和第三象限，如图 7-1（c）所示。高集中度的第一象限城市是广州、肇庆、佛山、中山和清远，主要分布在珠三角西北部地区。$PM_{2.5}$ 浓度较低的第三象限城市包括汕尾、河源、惠州和深圳。第二象限包括云浮市和珠海市。这些城市污染较少，但周围都是重污染城市。

综合以上分析，河北省石家庄市、衡水市、邢台市，长三角地区合肥市、铜陵市、安庆市、滁州市，珠三角地区清远市、佛山市、云浮市是 $PM_{2.5}$ 值较高的城市，应成为区域大气污染联防联控的重点区域。基于 LISA 识别的局部非平稳性，研究发现长三角地区宁波、舟山、合肥和珠三角地区汕尾的 LISA 值与均值之间存在两个标准差，可以作为热点。宁波、舟山、汕尾是 $PM_{2.5}$ 值较低的三个沿海城市，合肥是 $PM_{2.5}$ 值较高的城市，说明地理位置对细颗粒物污染扩散有明显影响。

7.2.3　环境规制的溢出效应分析

三个城市群的大气污染物均存在空间溢出效应。为了控制空气污染，三个城市群提出了不同强度的环境规制。本书估计了环境规制对当地空气污染的溢出效应，并用 SDM 估计确定了溢出效应的社会和经济驱动因素。

通过 Wald 检验和似然（likelihood ratio，LR）检验，从 SDM 模型、空间滞后模型和空间误差模型中选择最适用的模型。Wald 空间滞后和 LR 空间滞后的统计值否定了这一假设，说明 SDM 模型优于空间滞后模型。另外，Wald 空间误差和 LR 空间误差均拒绝了零假设，说明 SDM 模型优于空间误差模型。在研究中，SDM 是一个合适的溢出效应估计模型。在 Hausman 检验之后，我们选择了具有固定效应的 SDM。表 7-2 显示了环境规制溢出效应的结果，第（1）列介绍了京津冀环境规制的溢出效应，环境调节系数显著为负，表明环境规制强度每增加 1 个单位，$PM_{2.5}$ 浓度下降 0.043。人口密度与京津冀中 $PM_{2.5}$ 浓度呈正相关关系。人均 GDP 的系数显著为正，这支持了环境库兹涅茨曲线（Andreoni and Levinson，2001），表明随着经济的发展，空气质量会更好。产业结构对大气污染有积极影响。北京、天津和河北的第二产业产值占总产值的比例分别为 19%、41% 和 47%（国家统计局，2018）。河北省水泥、钢铁等高耗能产业产值占工业总产值的 42%，污染严重。对外直接投资显著提高了京津冀中 $PM_{2.5}$ 的浓度，外商直接投资主要投向重污染、高耗能行业。以河北省为例，2017 年第二产业外商直接投资额占总量

的 83%（河北省统计局，2018），直接影响了工业大气污染物的排放，使大气污染
更加严重。财政分权程度对环境污染有正向影响。研发和地理位置对 PM$_{2.5}$ 浓度
的影响不显著。PM$_{2.5}$ 加权项（$W \times$ Pm）对局部 PM$_{2.5}$ 浓度有正影响。京津冀周边
城市易出现复合污染，以北京为例，北京南部靠近保定等河北省重污染城市。相
反，北部地区，如密云、怀柔、昌平等空气质量较好的地区，靠近河北省张家口、
承德等轻度污染城市。环境规制加权项（$W \times$ Regulation）的系数显著为正，说明
城市群环境规制中不存在"搭便车"现象，相比之下，周边地区更严格的环境法
规会加剧当地的空气污染，如京津冀污染企业的搬迁。以北京钢铁公司为例，由
于 2008 年北京奥运会对环境质量的要求更加严格，该公司迁往河北曹妃甸。综上
所述，环境规制水平差异导致的产业转移只能降低迁出地区的污染水平，对城市
群空气质量的改善作用非常有限。

表7-2　城市群环境规制对PM$_{2.5}$空间溢出效应的SDM估计

变量	京津冀（1）	长三角（2）	珠三角（3）
Regulation	−0.043[*]	−0.150[***]	−0.162[***]
Population	0.988[***]	0.558[***]	0.873[***]
Per capita GDP	0.320[***]	0.357[***]	0.251[**]
Industrial structure	0.324[***]	0.492[***]	0.219[***]
FDI	0.654[***]	1.121[***]	0.622[**]
Fiscal decentralization	0.306[***]	0.394[***]	0.263[**]
R&D	0.021	0.024	0.037
Location	0.072	0.407[***]	0.746[***]
$W \times$ Pm	0.303[***]	0.429[***]	0.165[***]
$W \times$ Regulation	0.176[**]	0.147[***]	0.109[***]
$W \times$ Population	1.124[**]	1.051[*]	0.873[***]
$W \times$ Per capita GDP	0.678	0.988[**]	0.252[**]
$W \times$ Industrial structure	1.091[**]	1.107[***]	0.213[***]
$W \times$ FDI	1.382	2.378[**]	−0.622
$W \times$ Fiscal decentralization	0.932[***]	1.217[***]	0.263[**]
$W \times$ R&D	0.018	0.020	0.026
$W \times$ Location	0.034	1.241[**]	0.843[*]
N	169	338	154
R^2	0.923	0.601	0.825
Adjust R^2	0.921	0.598	0.823
Sigma^2	0.081	0.403	0.184
log-L	−25.943	−319.721	−81.576
Wald_Spatial_Lag	35.833[***]	51.197[***]	78.078[***]

变量	京津冀（1）	长三角（2）	珠三角（3）
LR_Spatial_Lag	37.075***	49.443***	67.097***
Wald_Spatial_Error	63.154***	59.515***	77.294***
LR_Spatial_Error	56.563***	60.345***	67.274***
Hausman Test	74.137***	162.406***	321.107***

***$p<0.01$；**$p<0.05$；*$p<0.1$

关于长三角城市群的 SDM 估算，见表 7-2 第（2）列。环境规制系数显著为负，表明严格的管制将有效降低空气污染。2014 年，长三角是继珠三角之后第二个提出大气污染联防联控的地区，2018 年 $PM_{2.5}$ 浓度较 2014 年下降 34%，$PM_{2.5}$ 加权项（$W \times Pm$）结果表明周边城市的严重污染将加剧当地大气污染水平。污染物排放与气象条件的结合，形成了长三角城市群的雾霾。环境规制加权项（$W \times Regulation$）的系数为正且显著，说明环境法规改善了当地的空气质量，却加剧了周边城市的空气污染。长三角地区的地理位置效应为正，说明沿海城市 $PM_{2.5}$ 浓度较低。沿海城市的海陆风有助于污染物的扩散和空气质量的改善。

珠三角地区的空间回归结果表明，环境规制使 $PM_{2.5}$ 浓度下降了 0.162。珠三角地区的大气污染防治工作起步较早，大气污染物明显减少。2010 年，《广东省珠江三角洲清洁空气行动计划》实施，这是我国首个城市群大气污染区域联防联控计划。2008 年 10 月，广东省建立珠三角区域联防联控协调机制。除了法律和行政环境法规外，珠三角城市群还实施了经济环境法规，如排污权交易、节能发电调度、排污费和绿色金融等。通过这些综合治理，珠三角地区已成为全国大气污染区域联防联控示范区。地理位置的影响为正，说明沿海城市 $PM_{2.5}$ 浓度较低。$PM_{2.5}$ 加权项系数为正，说明珠三角周边城市 $PM_{2.5}$ 浓度的增长加剧了当地的污染水平。珠三角由于污染物的积累和邻近城市污染物的扩散，存在细颗粒污染的空间溢出效应。例如，佛山是制造业城市，工业污染物排放量大。广州机动车数量多，空气污染严重。在一定气象条件下，佛山与广州之间可能发生大气污染物的传递。此外，环境规制加权项系数为正，说明环境法规的加强有助于珠三角地区减少空气污染。

三个城市群的大气污染物均表现出正的空间溢出效应，表明污染具有明显的区域特征。此外，环境规制对城市群的空间溢出有显著影响。一方面，周边城市严格的环境规制会提高当地的污染水平，不能改善整个城市群的空气质量，环境规制的空间依赖性降低了地方环境规制的有效性。另一方面，城市群内部发展的不平衡和补偿机制的缺失导致了贫困带和雾霾带的形成。因此，城市群地方政府应进行更加严格的环境监管，加强区域层面的大气污染联防联控。

7.2.4　结论与建议

本节研究结果表明，周边城市严格的环境法规加剧了当地的空气污染。由于严格的环境法规，高污染企业通常搬迁到环境法规宽松的周边地区。事实上，监管宽松的城市成为污染避难所和污染物空间外溢的目的地。城市群环境规制中不存在"搭便车"现象。相比之下，周边城市 PM$_{2.5}$ 的空间溢出效应抵消了地方环境法规对空气质量改善的影响。此外，城市间环境规制强度的差异影响区域环境的改善。例如，与北京、天津相比，河北的环境监管和处罚机制不那么严格。同时，与河北重污染城市相邻的京津也受到了空气污染的溢出效应影响。因此，迫切需要在城市群内，遵循差异化、统一化的原则，提出更加严格的跨城市大气污染联动机制。

第一，各城市群地方政府应积极沟通，加强合作，制定统一标准（如电厂排放标准、车辆排放标准）。目前，较发达城市的标准要比欠发达城市严格。结果，其他地区成了污染避难所。此外，应建立一个联合机构来监督城市群的环境问题，以确保执法的一致性。

第二，联合机制还应考虑各城市社会经济和自然因素的差异，即实施"一城一策"的规范性法规。目前这三个城市群的环境库兹涅茨曲线已经达到拐点。随着第三产业和清洁技术的发展，GDP 的增长对大气污染控制具有积极作用。PM$_{2.5}$浓度与人口密度、产业结构、外商直接投资和财政分权程度呈正相关关系，这些因素应在今后的空气质量改善条例中加以考虑。第二产业在三大城市群中所占比重最高，以石家庄、唐山、邯郸最为突出，调整工业和能源结构是区域大气污染控制的有效措施。外商在长三角和珠三角的投资和出口对当地经济的贡献很大，由于放松管制，外商直接投资的增加使这些地区成为污染天堂。因此，地方政府在引进外商直接投资时，不仅要注重经济效益，而且要设定严格的环境影响门槛。此外，自然环境影响城市群污染物的外溢，由于气候和地理位置的因素，长三角和珠三角沿海城市有利于污染物的扩散，空气污染浓度相对较低。对于京津冀而言，大部分城市位于内陆，地理条件不利于污染物的扩散。区域污染物传输占北京空气污染的三分之一。京津冀北部城市如张家口、承德等，可以考虑在城市大气污染较轻的地区设置缓冲带，从而消除大气污染对周边城市的污染溢出效应。

第三，在城市群内组建联合机构，为欠发达城市提供技术和资金支持。鼓励欠发达地区投资绿色技术，改善生产工艺和污水处理设施，促进当地经济发展。此外，还应建立补偿机制，激发地方政府联动机制的内生动力，合理分配发达城市的生态补偿责任。

7.3　本　章　小　结

　　基于外部性理论，本章介绍了空间计量模型，并以京津冀城市群为例，评估了环境规制对污染物的空间溢出效应。从区域环境治理的协同效应来看，本章的工作具有如下意义：在现有环境法规下，很少有研究估计城市群空气污染的空间相关性，城市群环境规制对大气污染的空间溢出效应也缺乏研究，本章量化了城市群对 $PM_{2.5}$ 浓度的影响，考察了环境规制对大气污染的溢出效应，分析了三个城市群污染溢出异质性的社会经济驱动因素，为我国大气污染区域联防联控政策提供了建议，也为其他发展中国家和高污染国家处理类似问题提供了启示。

第8章 政策建议与研究展望

本书建立了一套数据驱动的环境政策评估方法体系，以大气污染联防联控政策为例，对大气污染联防联控政策的现状、政策执行有效性的影响因素进行了分析，并对清洁取暖等政策的环境、经济、健康效果进行了综合评估。本章综合前文的分析结果，提出我国大气污染区域联防联控存在的问题和相应的政策建议清单，并面向数智时代，展望双碳和高质量发展目标下未来环境政策评估的重要研究方向。

8.1　大气污染区域联防联控政策问题与建议清单

本节从联防联控法律法规、联防联控机制及联防联控具体工作三个层级，从统一规划、统一标准、统一监测和统一防治四个方面，对当前区域立法、标准设置、区域规划、执法监管机制、信息共享机制、生态补偿机制、跨区域协作机制及四大结构调整和清洁取暖、环境税等具体措施存在的问题进行梳理。基于制度和政策的效果评估结果并针对上述问题，从立法框架、排放标准设置与规范、生态补偿机制设计、数据信息共享机制设计、常态化督察机制的建立、目标考核机制的完善、跨区域跨部门协调机制完善、四大结构调整等方面提出一系列政策建议，具体内容见表8-1，具体政策建议见后文。

表8-1　政策问题与建议清单

联防联控制度		具体问题	政策建议
联防联控法律法规	区域立法	·区域联防联控主要体现在"联控"上，"联防"制度设计还有所欠缺	·强化"自上而下"法规建设，确保治理方案落实
	标准设置	·行业标准设置宽松 ·排放标准及配套技术指南缺失 ·地方标准差异导致污染转移	·建议明确污染物排放标准性质和法律效力 ·统一地方排放标准及技术指南和规范 ·灵活设置标准弹性空间和特殊应急标准

联防联控制度		具体问题	政策建议
联防联控法律法规	区域规划	·目标制定过程不够透明 ·目标考核算法合理性有待提高 ·地方环保资金与人力资源匮乏	·建立系统的、综合地方和区域的复合型目标考核机制 ·固定源排污许可证制度和移动源的统一管理 ·鼓励 NGO 参与，形成多元共治的大气治污模式
联防联控协作机制	执法监管机制	·联合执法落实不到位	·强化"自上而下"的法规建设，确保治理方案落实 ·引入第三方监督机构，提高跨省市联合执法效率
	信息共享机制	·监测覆盖范围低、部分点位不合理 ·监测数据可信度存疑 ·跨部门行业信息共享程度低	·完善监测网络，优化监测点位布局 ·促进重点区域立体监测技术的应用，加强空气质量预报预警能力建设 ·搭建统一跨区域环境共享数据库，构建多元化信息交流平台
	生态补偿机制	·补偿资金奖励没有达到显著改善空气质量的效果	·拓展市场化、多元化的大气污染治理补偿途径，引导社会资本参与 ·提高排污权交易市场的制度化、规范化和规模化水平，进行统一的监督和管理，制定可统一量化的交易指标体系
		·税收分享比例越高，空气污染越严重	·制定地市税收分享比例时要考虑到税收分成对环境污染的影响 ·优化地方政府的考核体系，实现地方官员政绩考察指标多元化
	跨区域协作机制	·跨区域协作机制较松散 ·跨区域长效补偿机制尚未建立	·建立区域-省-地市三级常态化综合协调机构体系 ·建立跨区域补偿机制
联防联控措施手段	四大结构调整	产业结构调整	·制定的行业绿色标准和产业政策目录关注度较低 ·对融资审核、税收优惠政策、绿色债券等经济激励型政策工具重视程度不高	·持续推进"散乱污"治理政策。通过生态环保产业所得税、增值税等税收优惠政策推动环保产业发展，以生态环保产业税收优惠、绿色债券、企业融资激励型政策为主要抓手，促进产业结构绿色转型调整
		能源结构调整	·可再生能源电价、供热价格机制、清洁取暖价格、信贷支持等激励型政策工具运用程度不高	·创新运用补贴、电价改革、竞价采购等经济激励型政策工具，推广能源开发和能源消费结构调整，完善资源定价政策改革，协同建立健全用能权、用水权、排污权、碳排放权初始分配制度
		运输结构调整	·公转铁结构调整重视不足 ·供售电机制、淘汰更新补贴等激励型政策重视程度低	·采用多元投入、税收优惠等政策推动实施新车碳排放标准，针对柴油货车细化车辆购置税，适当推行差额税率
		用地结构调整	·缺乏秸秆治理具体措施和经济激励型政策工具	·探索多元化、差异化的秸秆发电补贴激励机制，加强施工工地扬尘污染控制，推动对 VOCs 和施工扬尘等征收排污费

续表

联防联控制度			具体问题	政策建议
联防联控措施手段	联防联控具体措施	环境税	·污染物减排量与环境税率之间存在倒 U 形关系 ·相比于低环境规制地区，税收政策在高环境规制地区的作用有限 ·大型国有火电企业受环境税收影响较小	·环境税率较低地区提高征收税额，过高地区加大补贴和税收优惠，鼓励企业实现绿色转型 ·制定差异化税率，防止出现"避税天堂" ·依照行业减排潜力制定税率，将税收重点从电力行业转到非电力行业
		中央生态环保督察	·督察离场后空气质量改善效果逐渐减弱 ·"回头看"督察污染减排效果再次加强	·形成常态化动态督察机制，提高环保督察回头看力度与范围 ·强化多级政府的治理主体责任，保证整改的有效性 ·鼓励公众参与举报，开通多参与途径
		清洁取暖	·补贴不合理导致的居民取暖贫困问题	·清洁取暖政策方面，执行差异化补贴政策，提高补贴的精准性 ·制定多能互补式的"一市一策"清洁取暖方案 ·推进可再生取暖试点建设，强化可再生能源供热补贴 ·加强信息宣传，提高居民清洁取暖改造的主动性
	联防联控措施组合		·同类型政策同时实施，空气质量改善效果相互削弱	·环境治理应同时采取多方面的多项综合治理政策 ·避免同类型、同行业的政策重复

8.1.1　联防联控法律法规方面的建议

1. 建议国家层面做好顶层法律制度设计，地方政府视情况制定修订地方标准体系，完善部分行业大气污染排放标准

（1）加强生态环境标准制定和执行的法律保障。通过推动出台相关的法律、完善更新生态环境标准管理办法等方式，形成生态环境标准的法律体系，确定排放标准的法律关系，明确排放标准的性质及效力；同时在环境法系中增加处罚手段，增加职业限制、替代性补偿措施、生态修复责任等，实现追责形式多样化；确立标准的适用原则和条件。在现有相关法律法规基础上进一步明确各种标准的适用条件，改变我国生态环境标准"重制定，轻执行"的现状，建立一定的标准选择适用原则，特别是明确在标准滞后或者空白时的适用规则。注重标准制定修订的统一和规范。尽快统一、规范、完善现行的环境空气质量标准体系和污染物排放标准体系；在生态环境标准颁布实施一段时间后对实施效果进行评估分析，对需要进行修订的标准适时提出修订建议。

（2）地方政府在制定大气污染排放标准时，应该基于改善整体大气污染环境的考虑，而不是基于改善本区域内的大气污染环境。在这个前提下，地方政府应考虑到邻近地方标准差异过大导致的污染企业转移问题，可以从制定修订本地排放标准时考虑邻近省份排放标准方面着手解决；另外，地方政府应基于地方污染企业可承受的改造范围制定地方标准，同时注意地方标准的更换频率，减缓企业提标改造的压力。

（3）针对某些省份缺乏地方大气污染物排放标准的问题，建议先结合地方工业发展现状，在污染物排放的重点行业制定地方标准。其中，重点行业大气污染物排放标准应按生产工业的特点设置，体现从原、辅材料到产品生产过程中各个污染环节控制技术要求，以及行业的经济技术政策导向和污染治理技术水平等。对未制定行业标准的污染源，其大气污染物排放通过综合性大气污染物排放标准控制。

（4）建议提高部分行业工业炉窑、印刷包装行业、家具制造业危险废物焚烧和生活垃圾焚烧污染物排放标准。可借鉴我国地方标准和国外标准，适当提高这些行业的排放标准。以部分行业工业炉窑为例，由于工业炉窑平均容量小、分布广、数量多，烟气设备不完善，其污染物排放浓度较高。从大气污染程度和大气环境保护全局来看，进一步严格工业炉窑的大气污染物排放标准是防治大气污染的有效措施（吕亚亚和朱彤，2017）。以工业炉窑的颗粒物排放标准为例，国家排放标准限值为 $100mg/m^3 \sim 200mg/m^3$，而河北省的标准限值为 $50mg/m^3 \sim 80mg/m^3$，河南省的标准限值为 $10mg/m^3$，美国和欧盟的标准限值为 $20mg/m^3 \sim 50mg/m^3$，建议结合我国各地工业炉窑实际污染情况，提高国家排放标准限值。

（5）设立以行业排放标准为主的 VOCs 排放标准体系。标准制定过程中应考虑控制重点行业的特征污染物。目前，我国在家具制造、表面涂装与包装印刷这类 VOCs 排放量较大的行业，缺乏国家行业标准，只能执行国家综合排放标准。在地方没有更加严格的行业标准前提下，使用综合排放标准的局限性较大，如综合排放标准并未包括部分重点行业的特征污染物、排放限值无法满足治理技术的要求（罗斌等，2014）。因此，建议建立以行业排放标准为主的 VOCs 排放标准体系，制定或修订汽车涂装、集装箱制造、印刷包装、家具制造、人造板、纺织印染、船舶制造、干洗等行业大气污染物排放标准，支撑面源污染治理，修订饮食业油烟污染物排放标准，加强餐饮油烟污染防治。

（6）完善我国主要污染物排放标准和地方排放标准，并制定配套的可行性技术指南和规范。尽快制定或修订家具制造业、表面涂装行业、印刷与包装行业及工业炉窑行业主要污染物排放标准。立足于地方产业结构和经济发展现状，补充地方排放标准。建议国家完善与标准配套的可行性技术指南和规范，为地方标准制定、修订和执行提供技术支持。

2. 加强完善法律政策框架，提高跨省市联合执法效率

强化"自上而下"的法规建设，确保治理方案落实，引入第三方监督机构，提高跨省市联合执法效率。在区域联防联控法律规范方面，建议构建全国性、区域性基本法律框架和合作协议，强化"自上而下"法规建设，在建立国家层面的大气污染减排目标后，各区域要制订具体的落实方案，使大气污染治理方案落到基层，确保大气污染防治的法律法规落到实处。此外，建议重视联合执法的规范性和一致性。基于中央环保督察制度，可以借鉴东盟烟霾治理经验，引入 NGO等环保组织作为第三方中介，监督跨省市政府联合执法行动，提高联合执法效率。最后，建议建立区域联防联控完善应急机制，建立在紧急情况下协调区域行动的组织机构，按照分区指导、区内统一的原则，在发生区域性重污染天气时实施区域应急联动，以确保外部突发情况不会阻碍大气污染治理的进行。

3. 建立综合地方和区域的系统性和复合型目标考核机制

建议将考核体系细化到各部门、各区域，减轻环保部门的工作压力，由区域协调组织和机构（如京津冀及周边地区大气管理局和大气污染防治领导小组等）定期考核目标完成情况，考核整体区域而非独立行政主体的大气污染治理情况，从而有效抑制大气污染治理的溢出效应。

1）优化大气环境质量目标设定机制

目标设定机制应采取"测算减排潜力-制定达标路线图-制订阶段攻坚方案-专家论证"的完整体系，充分结合地方实际工作情况，出台专项文件对不同体系的目标设定机制进行规范。

（1）地方应科学制定年度改善目标。年度改善目标要充分考虑科学性、可行性，特别要避免层层加码现象，根据各城市治理大气污染的进程制定精细化目标。

（2）根据自身减排潜力、污染源清单编制下达目标责任书。建议市、县两级政府签订年度大气污染防治目标责任书，一方面明确改善目标数值，另一方面明确列出压减燃煤、严格控车、产业调整、扬尘控制等具体措施、工程项目，责任细化到有关部门。年度考核时可逐条对照目标责任书，检查实际完成情况，将定性考核与定量考核相结合。

（3）要做好信息公开和专项督查。建议将大气污染防治目标责任书向社会公开，广泛发挥社会监督作用。各级政府要组织有关部门开展定期、不定期督查，督促各项措施、工程落到实处。

2）优化大气环境质量目标考核算法

建议使用三年滑动平均等时间序列处理方法将气象因素等客观因素剔除，制定更科学合理的目标体系。同时避免"鞭打快牛"现象，对于上一年度工作有力的地市，避免其下一年考核处于不利位次，完善定性与定量相结合的目标考核方法。

3）完善空气质量日常排名机制

针对空气质量日常排名机制不完善的问题，建议在全国 168 个重点城市空气质量现状排名中加入以下内容。

（1）大气环境质量同比改善的情况。由于同一地区不同年份同一个时间段的气候、气象等客观因素具有一定的相似相近性，以年为时间单位的时间纵向比较具有一定的科学性。因此，可以将不同地区的大气环境质量综合性指标的同比改善情况进行统计，并在评价体系中进行必要、科学、合理的量化。

（2）大气环境质量环比改善的情况。同一地区同一年相邻月份的气候、气象等客观因素虽然有变化，但也具有一定的相近性。事实上，考虑环比改善和同比改善的作用都是剔除外在客观因素，二者是互为强化补充的关系，因此环比改善情况也应该作为评价体系的重要评价依据。将二者作为排名的依据，最终目的是使治污主体树立改善大气环境质量不能"靠天"，大气污染也不能"怨天"的意识，从而进一步坚定污染治理的决心。

（3）大气环境质量区域排名的位次变化情况。大气环境质量地区间横向排名模式中地区的位次变化情况，基本可以反映各地区环境质量改善或恶化的情况。另外，把位次的变化作为排名依据，有利于地区之间形成一种比、学、赶、超的局面，从而有效调动不同地区改善大气环境质量的热情和主动性。因此，把一个地区在目前排名体系中的位次变化情况作为衡量其大气环境质量改善情况的参考，有现实合理性和必要性（王冠楠等，2016）。

8.1.2　联防联控机制方面的建议

1. 建立区域-省-地市三级常态化综合议事协调机构，增强区域生态补偿制度的创新性

1）建立区域-省-地市三级常态化综合议事协调机构，督促各主体切实履行职责

在省级和市级层面，建议将现行临时性协调机构逐步升级为常设机构，在各级人民政府组建实体管理机构及办公室，由具有编制的专职人员组成，构建"区

域-省-地市"层面的常态化议事协调机构,由主管环境的副省长(或副市长)担任领导,挂帅的高层领导则为议事协调机构的设立与延续提供生存合法性,议事协调机构机制能帮助任务牵头部门降低更多交易成本。此外,借鉴美国-墨西哥的边境环境治理经验,联防联控项目审核、资金分配和监督执行应尽量独立管理,项目前期立项可由区域领导小组审核,资金的提供和拨付应由财政部统一负责并及时跟进资金使用情况,中央环保督察组和当地环保组织负责监督项目的执行情况,三个环节由不同机构负责、相互独立,避免部门利益冲突,提高大气污染治理效率。

2)增强区域生态补偿制度的创新性

(1)统筹设计"谁受益谁补偿"的生态补偿机制,对地方政府的责任轻重和收益大小进行衡量,完善补偿资金运作、财政转移、补偿模式、补偿范围等制度,在补偿方式上探索项目补偿、政策补偿、产业转移、协作治理、人才培养等多种补偿措施。

(2)设置区域大气污染联防联控的共同专用基金,由区域联防联控协调机构统一管理和调配,在使用中要根据地方政府客观条件对于财力不足的地区予以补偿,对于超额减排的地区进行奖励。

2. 搭建统一的跨区域环境共享数据库,构建多元化信息交流平台

1)搭建跨区域环境共享数据库,构建多元化信息交流平台

建议各地区推动建立环境信息共享平台,依托已有信息网络系统,建立协作小组工作网站,将区域内各地区的大气污染污染源信息、治污政策、联防联控经验与科研成果、执法情况、预警预报情况等信息综合到统一的平台上,真正实现信息共享。此外,建议进一步优化区域治理沟通程序,理顺信息沟通环节,减少不必要的沟通成本,增强信息的流动性,区域大气污染治理的发展将会趋向于多层次网络治理,需要打开封闭系统协调经济与生态的平衡,进而协调各方利益。最后,建议积极推广环保创新技术成果,加强对新技术的推广及新领域的融合创新,在预警、监测、管控、防治等领域进行环保信息数据实时共享交换和集中建模预测,助力产业改造升级和转型发展,构建能够实现大气污染治理相关信息数据共享交换和集中管控的平台(李牧耘等,2020)。

2)加快构建重点区域环境监测大数据平台,提升环境空气质量监测信息化水平

综合利用环境、气象、经济、地理信息等多源数据,加强监测数据综合分析,重点加强污染趋势、污染物传输规律、重污染天气形成原因、污染物来源、污染

控制对策建议等方面的深入分析，提升环境监测报告的针对性、丰富性、可读性，全面提高环境监测信息产品价值，充分发挥监测数据与报告服务环境管理和社会公众的支撑与指导作用。在加强环境信息公开和监测数据共享方面，在现有全国及各地空气质量信息发布系统基础上，构建重点区域统一的环境信息发布与共享平台，进一步加强信息公开和监测数据共享。制定数据公开与共享相关管理规定，明确数据提供方与获取方在数据共享中的权利和义务，在环保部门、科研院所、高等院校、社会公众间形成高效规范的数据共享机制，充分发挥监测数据在重点区域大气污染联防联控中的基础性支撑作用（潘本锋等，2017）。

3）保障大气监测方法的科学透明，解决监测数据"信不过"问题

由于对大气的监测技术性较强，部分监测设备昂贵、精密，监测点的硬件设施更多地考虑安全性，有时忽视了监测设施的公共服务产品属性，往往缺乏公众监督，这为数据造假提供了机会。因此，除部分重要仪器外，大气监测硬件设施运行要坚持开放性，使公众像用自己的眼睛一样感受、了解空气质量（睢晓康等，2016）。同时，除部分涉及商业秘密的数据，所有参数也要公之于众。参数设置中需要的技术知识也要对公众普及。

3. 优化税收分享机制，强化地方政府环境治理责任

1）改革财税体制，优化财政分权制度

在制定地市税收分享比例时要考虑到税收分成对环境污染的影响，税收分享一定程度上体现了财政分权的程度，财政分权一方面直接影响环境治理支出，有利于大气污染的治理，另一方面间接地影响地方政府行为（税收努力程度、逐底竞争等）而不利于大气污染的治理。这表明由于空气污染的外溢性特点，一个省-市级地方政府适度的分权框架是解决空气污染"公地悲剧"问题的重要手段，过度的分权反而不利于大气污染的治理。本书的实证结果表明适度的税收分享调整是优化财政体制的有效途径，这也为中国今后的地方财政体制改革提供了有益的启示。

2）优化地方政府的考核体系，实现地方官员政绩考察指标多元化

在考核指标体系中，提高环境质量等多元指标在地方官员考核体系中的比重，避免污染治理陷入"环境联邦财政"的陷阱（丁鹏程等，2019）。绿色 GDP 是综合环境经济核算体系中的核心指标，能更全面、更客观、更有质量地衡量地方经济发展的效率，在相当程度上纠正传统 GDP 作为政府工作业绩指挥棒的扭曲性。

3）分区域制定大气污染治理政策，因地制宜制定相关政策，强化地方政府环境治理责任

各地地理条件、空气污染情况、经济发展水平等都存在较大差异，税收分享对不同区域空气污染治理的影响存在差异性，本书实证结果发现这种影响在东部地区、轻污染区域更显著。重污染地区需要加强环境保护支出，可以尝试适度提高省市级政府间税收分享的比例；而轻污染地区应该更加重视空气污染的预防工作，在发展地方经济的同时大力发展清洁能源，提高环保标准，加强环境管制。

4. 拓展市场化、多元化的大气污染治理补偿途径，引导社会资本参与

1）拓展市场化、多元化的大气污染治理补偿途径

大气的公共物品属性使得长期以来对大气污染的治理主要由中央和各级地方政府负责，目前各省市实施的空气质量补偿办法中补偿资金以中央和各级地方政府的财政转移支付为主要来源。但随着我国大气污染治理的深入，资金和技术的需求缺口也在逐渐扩大，仅依靠政府治理、财政出资已经不能满足治理的需要。因此，建立市场化、多元化的大气污染治理生态补偿机制是大气污染治理工作的重要任务。通过建立大气污染治理生态补偿机制可以调动各利益相关主体参与大气污染治理的积极性，为大气污染治理提供持续的资金和技术支持，有效协调各方利益，提高大气污染治理的效率，为打赢蓝天保卫战提供坚实的基础（汪惠青和单钰理，2020）。

2）建立和完善排污权交易市场

排污权交易制度是西方国家实现节能减排的成熟、有效的机制，是多元化大气污染治理生态补偿机制的重要组成部分。发达国家已建立起多层次的排污权交易市场，我国现已开始实施排污收费制度。排污权交易市场通过市场机制充分调动地方政府、企业等相关参与主体的积极性，让大气污染治理由政府主导向企业参与转型。在建立和完善排污权交易市场的过程中，需要统筹兼顾全国统一性和地方特殊性问题。为了提高排污权交易市场的制度化、规范化和规模化水平，要对排污权交易市场进行统一的监督和管理，制定可统一量化的交易指标体系，规范排污权交易市场的交易准则（汪惠青和单钰理，2020）。

3）引导社会资本参与大气污染治理生态补偿

由于环境治理需求的扩大，仅依靠政府财政支持难以满足全面开展各项治

理工作的资金需求，且政府财政转移支付多为"献血式"补偿，补偿的效用和持续时间有限。引入社会资金和公众参与的市场化、多元化生态补偿机制更具持续性，可将"献血式"补偿转化为"造血式"补偿。社会资本给予大气污染治理的支持形式多样灵活，发展绿色金融体系、动员和激励大量社会资金投入大气污染治理中，有利于推动我国大气污染治理生态补偿机制的绿色转型（汪惠青和单钰理，2020）。

4）明确界定补偿和受补偿主体

生态补偿的参与主体包括补偿主体和受偿主体。由于大气污染的成因复杂，且具有明显的跨区域流动性，从"谁污染谁治理"的角度来看，责任人难以明确界定，更难以均衡补偿责任。并且相对于生态补偿的传统领域——流域管理、土地保护、林业保护等，大气污染治理生态补偿对补偿主体和受偿主体间的协同合作要求更高。为解决大气污染治理的外部性问题，需要明确界定补偿和受偿一方。受偿主体应为在生态补偿关系中，自身权益受到损害或限制的一方；补偿主体应为自身权益受到保护或损害其他主体利益的一方（汪惠青和单钰理，2020）。

5. 促进重点区域立体监测技术的应用，完善监测网络，优化监测点位布局

基于我国大气监测体系，在推进《生态环境监测网络建设方案》实施计划的同时，建议优化监测点位布局，确保监测数据能全面反映大气污染现状，同时由大气污染防治部门和高等水平研究机构组建国家层面大气污染监测评估机构，建立监测项目和监测区域覆盖全面、国控站点布局合理的监测制度。同时，充分吸收高等水平研究机构对污染源排放数据、气象数据和环境质量数据等大数据综合分析和模拟预测的成果，形成适应中国大气污染防治的区域监测评估体系，为制定相关政策提供科学支撑。

1）提高重点区域立体监测技术的应用

充分发挥遥感监测等立体监测技术在重点区域大气监测中的应用，根据区域地理、气象条件及污染源分布的特点，构建区域大气立体监测系统，重点发展地基颗粒物激光雷达、臭氧激光雷达、气态前体物（SO_2、NO_2、HCHO 等）、气象参数廓线探测系统以及集成多种立体监测设备的移动走航监测系统，形成多平台、全方位的大气复合污染立体监测体系。重污染时段及前后，在固定监测站点的基础上，利用移动走航车进行加密监测，满足全面监控大气复合污染状况和演变的需求，分析重点区域大气污染物的时空分布、动态演化、传输影

响、快速溯源及重污染过程的形成规律等（潘本锋等，2017）。

2）完善监测网络，加大布设密度

按照《生态环境监测网络建设方案》中"全面设点，完善生态环境监测网络"的要求统一规划布局重点区域的环境空气监测网络。在重点区域现有国控点位和区域点位的基础上，在大气污染物传输通道上新增空气监测点位。传输通道监测点应布设于传输通道上主要城市间的交界处，以反映污染物的传输情况。为便于监测点位的建设和运行并有效利用相关监测资源，传输通道监测点位建设可结合区县监测点位建设同步开展。区县点位应布设于相应的建成区内，以客观反映区县空气质量。重点增加建设工业点源污染监控点、交通污染监控点、工业园区污染监控点、建筑工地污染监控点，为大气污染防治精细化管理提供技术支撑（潘本锋等，2017）。

3）拓展监测项目

加快完善颗粒物化学组分和光化学污染监测网络。针对环境空气质量新标准中规定的氟化物、苯并芘、重金属等特殊污染物项目，要有计划地开展调查性监测，查明重点区域的大气污染特征，对一些存在一定环境风险的特殊污染物逐步开展例行监测。进一步完善重点区域颗粒物化学组分监测网和光化学污染监测网，给予必要的资金保障，并统一其设备配置、日常运行、质量控制等相关要求，确保其持续、高效、规范运行。将监测网络覆盖到所有地级以上城市，确保在每个地级以上城市至少选取一个能够反映当地污染特征的颗粒物化学组分监测点位（潘本锋等，2017）。

8.1.3 联防联控具体工作方面的建议

1. 以激励型政策为主要抓手，促进产业结构绿色转型调整

深化供给侧结构性改革政策创新，持续推进"散乱污"治理政策，通过生态环保产业所得税、增值税等税收优惠政策推动环保产业发展；基于深化"放管服"改革的要求，建议政府精简市场准入行政审批事项，放宽生态环境治理企业市场准入的政策措施，积极引导符合条件的生态环境治理企业利用多层次资本市场拓宽直接融资渠道，通过首发上市及再融资、挂牌交易等方式为企业提供持续发展的资金支持，同时加大直接融资支持力度，积极支持符合条件的生态环境治理企业扩大直接融资；此外，政府应当对绿色债券的发展发挥引导、推动作用，在政

策制定方面，给予绿色债券政策性倾斜和优惠措施，促进民众积极投资绿色债券，制定具体的政策鼓励清洁产业的发展和创新，在政策落实方面，建立绿色金融示范园区，以点带面，带动相邻片区的绿色金融发展。

2. 以补贴、电价改革为主要手段，推进能源节约利用和结构调整

创新运用补贴、电价改革、竞价采购等经济激励型政策工具，从能源开发和能源消费两个层面进行结构调整。建议理顺国内天然气价格，完善居民取暖用气用电定价机制和补贴政策；探索金融支持清洁取暖和 PPP 项目的方式，允许以项目收益权质押、项目资产证券化等方式融资，丰富抵押品种类和范围，解决清洁取暖项目融资难、融资贵的问题，在政府环保专项资金或环境保护基金中，对风险投资基金或融资担保基金的回报率予以补贴，或对其投资或担保进行风险补偿，带动社会资金投入清洁取暖领域（高军等，2019）；继续完善资源定价政策改革，协同建立健全用能权、用水权、排污权、碳排放权初始分配制度（董战峰等，2020）。

3. 推进柴油货车淘汰更新、鼓励新能源汽车发展，推进交通运输结构优化调整

通过多元投入、税收优惠等政策推进交通运输结构调整，实施"车—油—路"一体的轻型车超低排放，推动实施新车碳排放标准；打破车辆购置税"一刀切"现状，适当推行差额税率，对柴油货车细化车辆购置税，符合节能减排标准的柴油货车，可实行较低的税率，排污大、排放标准低的柴油货车，可以实行较高的税率，以此引导消费者优先购买低能耗、低污染、排放标准高的柴油货车，提高符合国六排放标准的柴油货车的市场占有率；对符合条件的新能源汽车免征车辆购置税，推动新能源汽车走向市场；建议政府提高对企业自查、报告自查的关注度，从企业层面严把监督，加快执行淘汰更新补贴政策和供售电机制政策（董战峰等，2020）。

4. 以秸秆发电补贴和扬尘排污费为激励手段，促进用地结构的优化调整

以秸秆发电补贴、排污费等激励政策为重点推动用地结构优化调整，基于秸秆禁烧、秸秆综合利用、面源污染治理等政策措施，积极探索多元化、差异化的秸秆发电补贴激励机制，对利用秸秆发电的企业加大项目立项审批和资金支持，为秸秆禁烧工作提供有效支持；加强施工工地扬尘污染控制，研究增加排污收费

种类，推动对 VOCs 和施工扬尘等征收排污费，同时差别化收费政策，利用经济杠杆防治扬尘污染。

5. 清洁取暖执行差异化补贴政策，引入市场化机制

1）执行差异化补贴政策，提高补贴的精准性

充分考虑各城市经济社会发展不平衡、清洁取暖路径成本差异的现实情况，建议中央财政补贴从按行政级别的补助标准转变为按经济水平分档的固定产出补贴标准，补贴应向经济困难地区、污染严重地区、人口密集地区倾斜。建立绩效补贴机制，激励地方政府建立清洁取暖长效机制，对于年度绩效评价结果为"优秀"的城市给予额外的奖励资金。在居民补贴方面，建立收入水平差异化的补贴标准，同时对农村分散供养特困人员、低保户、贫困残疾人家庭和建档立卡贫困户等四类重点对象，直接给予最高补贴标准；建立技术差异化的补贴标准，立足于中长期的发展规划，结合不同清洁取暖技术的经济性和商业成熟度制定差异化的补贴标准，提高目标技术的应用比例（于学华，2019）。

2）引入市场化机制，推动供能主体多元化

提高供应保障和应急调峰能力，保证天然气、电力等能源供给、输送的稳定与安全，用市场化机制解决政府对供暖企业的补贴问题。可学习河北省的发展经验，组建省燃气集团，以河北建投天然气发展有限责任公司为发起方，通过市场化组建合资公司等方式，吸纳中石油、中石化、中海油等气源企业和省内重点燃气企业参股，强化天然气统筹管理，优先规划建设省内天然气主干管网和支线管网，统一与上游气源企业衔接落实气源，推动签订锁定气量气价的中长期合同，对下游供气和燃气企业协调分配气源、签订用气合同。

3）制订多能互补式的"一市一策"清洁取暖方案

在城市清洁取暖改造任务制定中，加强中央、省级及地方三地沟通协调，明确任务量、补贴额、资源分配量，确保统筹兼顾、合理配置。可学习河北省的发展经验，各省市应根据自身条件，发挥清洁煤、电力、天然气、地热等多种清洁能源的优势，按照宜煤则煤、宜气则气、宜电则电、宜热则热，多能互补，力推电代煤、稳推气代煤，积极开展光热+、光伏+、石墨烯聚能电暖、生物质成型燃料等多种清洁能源互补利用，制订"一市一策"的清洁取暖方案（樊金璐，2019）。除可再生能源利用外，关键是贯彻"四宜"的原则。

4）推进可再生取暖试点建设，强化可再生能源供热补贴

由于能源供给与经济压力，我国的清洁取暖难以依靠一两种能源来解决。因此，各省市应根据自身条件，发挥清洁煤、电力、天然气、地热等多种清洁能源的优势，积极开展光热+、光伏+、石墨烯聚能电暖、生物质成型燃料等多种清洁能源互补利用方式试点示范，选择条件好的地区，试点推广、示范带动，因地制宜推进新能源取暖。

6. 逐步提高税率较低地区的环境税税率，加大对环保绩效良好企业的补贴力度

1）政府应逐步提高税率较低地区的环境税税率

环境税的污染物减排效果评估研究结果表明，在低税率地区，环境税对减少污染的作用很小。只有当环境税税收远高于企业所在行业的边际减排成本时，才会激励企业使用清洁生产技术。否则，企业宁愿付费也不愿采用更环保的技术，反而会带来更严重的环境污染。因此，政府可以对工业部门征收更高的环境税激励企业安装污染处理设备。此时，企业将用环保技术取代旧的和传统的技术，大幅减少能源需求，从而进一步降低生产成本，有助于保持绿色经济，实现经济目标和可持续发展目标。

2）政府应加大对环保绩效良好企业的补贴力度

政府可以综合使用许可费、标准、税收和补贴等多种工具来实现环境合规性。研究结果表明，在环境税税率较高的地区，环境税对减少污染的作用不大。在中国，高环境税率地区通常也是重点经济发展中心和污染治理地区。因此，这些地区的企业面临着巨大的环境规制压力，提前完成了污染减排目标。为了激励企业加大投资力度实施更新型的环保技术，政府可以考虑对环境绩效较好的企业进行企业所得税减免，使其生产成本与高污染企业持平，避免因经营成本上升而影响减排企业的竞争力，有助于工业产业的绿色升级。

3）地方政府应根据不同地区的环境管制水平、企业异质性及不同行业的行业减排潜力来制定当地环境税率

研究结果表明，环境税政策的实施效果在高环境规制地区并不明显。政府应考虑通过实施不同的环境政策手段，重新设计各地的环境监管水平，以避免一些地区成为避税城市。例如，企业可能迁往环境税率较低的地区，这反而会造成更严重的污染。此外，研究结果显示，不同股权结构、规模和燃料类型的企业对环

境税政策的反应不同。当前，政策应将环保重点从大型国有企业转向小型民营企业。政府应鼓励国有企业进入环保市场，帮助落后地区和企业实现环保改造，提高社会全要素生产效率，促进技术进步。目前中国各个行业有不同的污染排放标准和减排潜力。近年来，随着大气污染防治工作的深入，电力行业已经实现了环境转型。钢铁、水泥、玻璃等非电力行业已成为影响我国环境质量的重点行业。因此，为了实现环境目标，政府可以将治理重点从电力行业转移到非电力行业，对不同的行业实行不同的税率。

7. 提高财政支出分权，鼓励地方政府加大污染防治的财政投入

1）提高财政支出分权，要给予地方政府自主决定财政支出范围的空间，鼓励地方政府加大污染防治的财政投入

进一步加强地方政府环境治理类的财政预算管理，防止经济建设类支出对环保类支出的挤出效应。中央环保督察组在考察各省的大气污染治理情况时，还要核查中央拨付的专项资金的用途和使用效率，确保专项转移支付的落实。提高财政收入分权程度，要推动构建绿色税收体系，鼓励地方政府积极发展环境友好型产业；同时着力清理各地方政府为争夺税源而制定的不合理的税收优惠政策，对跨区域的总分支机构确定政府间合理的税收分享比例，保证区域间政府财政收入的合理性和多样性。

2）应重点针对京津冀及周边地区增加专项转移支付，加强区域型专项资金补助力度，以更好地发挥专项资金的纵向生态补偿功能

出于地形原因，京津冀及周边地区的大气污染治理存在溢出效应。中央政府出台的大气防治工作规划中，主要以行政区域为责任主体进行任务划分，容易形成地方政府"搭便车"的局面。因此，大气污染防治专项资金需促进跨区域合作与补偿机制的建立，强化区域间联防联控、协同治理的特征。考核京津冀区域大气污染防治专项资金的使用成效时，要综合考虑地形和产业特征，促进区域间政府大气治理的协调配合。

3）加强监测评价与考核结果在转移支付资金分配中的应用

在专项资金的公开方面，虽然中央政府充分利用"中央对地方转移支付管理平台"，及时公开了大气污染防治资金的省级分配数，但各省在拨付中央专项资金和省级配套资金给地级市时，为防止地方政府间过度竞争，往往没有公布地市级的资金分配公式和分配方案，只能通过依申请公开的方式获得，这无疑遏制了地方政府的大气污染治理积极性，难以充分发挥纵向转移支付的污染治理效应。因

此, 上级政府应加强监测评价与考核结果在转移支付资金分配中的应用, 提高大气污染防治专项资金的公开度和透明度。2021 年发布的《大气污染防治资金管理办法》所规范的专项资金执行期限至 2025 年, 而大气污染治理工作仍然任重而道远。在现有的纵向转移支付制度的基础上, 需要加快推动《国家重点生态功能区转移支付办法》, 强化重点生态功能区转移支付监测评价, 建立基于重点生态功能区域生态系统服务贡献的动态调节机制(董战峰等, 2020)。

8.2　研究展望

与"大气十条"时期相比, "三年蓝天保卫战"时期污染物减排幅度明显收窄、减排难度越来越大, 未来要持续降低 $PM_{2.5}$ 浓度和遏制 O_3 浓度上升, 仅用"蓝天"目标来拉动难以实现预期目标。温室气体和大气污染物协同控制具有同根同源同步性, 是"五位一体"总体布局的有机组成部分, 也是顺应大气污染防治法的有效举措, 更是推进我国生态文明建设的重要抓手。碳中和、碳达峰目标的提出, 为深度治理大气污染、持续改善空气质量提供了新的动力。未来大气污染政策分析与评估可以重点关注以下方面。

(1) $PM_{2.5}$ 与 O_3 的协同控制。协同减排是"十四五"期间蓝天保卫战重点任务之一, 协同减排策略受到广泛关注, 特别是 $PM_{2.5}$ 和 O_3 的共同前体物 NO_x 和 VOCs 专项治理相关政策。

(2) 大气污染物与温室气体的协同减排。在"协同推进降碳、减污、扩绿、增长"[1]的背景下, 大气政策和双碳政策对大气污染物与温室气体协同减排的作用效果和作用机理值得重视。

(3) 碳排放权交易。在加快建设"全国统一大市场"的背景下, 研究市场化机制对技术变革、绿色转型的作用, 以及由此产生的减污降碳协同效应具有重要的现实意义。

本书以大气污染治理政策为例, 系统阐述了数据驱动的环境政策分析方法体系的应用, 该套方法体系广泛适用于水、土壤等环境政策分析与评估中。并且, 随着大数据、人工智能等新技术的蓬勃发展, 环境政策评估也面临着新的机遇, 未来研究可以关注以下几个方面。

---

[1] 习近平. 高举中国特色社会主义伟大旗帜 为全面建设社会主义现代化国家而团结奋斗——在中国共产党第二十次全国代表大会上的报告[EB/OL]. https://www.gov.cn/xinwen/2022-10/25/content_5721685.htm, 2022-10-25.

（1）构建环境政策评估新范式。学科交叉与方法融合是未来科学研究的总体趋势，环境政策评估也不例外。大数据有助于社会科学真正走向科学化（Watts，2007），引发新的管理革命（McAfee and Brynjolfsson，2012）。因而，结合我国环境政策评估研究现状，可以充分吸收不同学科领域有关政策评估的理论、方法和技术，将大数据、机器学习、自然语言处理等新技术和新方法与环境政策评估全过程紧密结合，从而发现新知识、创造新价值、构建环境政策评估新范式。

（2）研发预测模拟与数智分析新方法。在大数据和人工智能快速发展的背景下，政策评估的重心开始向事前评估转变。基于大数据技术开展多源异构数据融合，建立基于 OpenAI 的自然语言处理大模型（big model，foundation model）（张辉等，2023），可以对环境政策的实施效果和实施风险进行多场景、跨尺度的事前预测模拟与数智分析，从而降低政策实施成本、提高政策执行效率和防范环境风险。

（3）进行多元主体评估。传统环境政策评估主体较为单一，缺少社会组织和公众参与。在"构建党委领导、政府主导、企业主体、社会组织和公众共同参与的现代环境治理体系"[①]的背景下，基于大数据和人工智能技术，评估环境政策的综合影响（企业污染、公众舆情等），阐明政府、企业和公众等多元主体的交互作用机制，可以提高政策评估的可信度与决策的可接受性（Nie and Wang，2022）。

（4）进行多目标评价。在"减污降碳协同增效"和高质量发展的背景下，如何实现环境政策的多目标协同，是确保环境政策有效性和可持续性的关键。在大数据观测利益相关者多样化需求的基础上，将人工智能应用于环境政策评估的"多元理性"价值判断中，建立智能决策支持系统，进行多维指标（如环境、生态、经济、能源、低碳、社会、健康等）综合评价，可为精细化的政策制定提供支撑（Smedberg and Bandaru，2023）。

（5）进行可持续性评估。评估政策长期影响（可持续性、适应性和韧性等）有助于了解政策在未来变化和挑战下的表现，并为决策制定者提供长远规划和战略指导；对政策实施效果进行长期连续的监测和评估有助于及时发现问题和风险，并采取必要的调整措施，以确保政策的可持续性和有效性。

---

① 中共中央办公厅 国务院办公厅印发《关于构建现代环境治理体系的指导意见》[EB/OL]. https://www.gov.cn/zhengce/2020-03/03/content_5486380.htm，2020-03-03.

参 考 文 献

柴发合, 李艳萍, 乔琦, 等. 2013. 我国大气污染联防联控环境监管模式的战略转型. 环境保护, 41 (5): 22-24.

陈文, 王晨宇. 2021. 空气污染、金融发展与企业社会责任履行. 中国人口·资源与环境, 31 (7): 91-106.

陈向明. 1999. 扎根理论的思路和方法. 教育研究与实验, (4): 58-63, 73.

陈向明. 2008. 质性研究的新发展及其对社会科学研究的意义. 教育研究与实验, 121(2): 14-18.

陈振明. 2004. 政策科学. 北京: 中国人民大学出版社.

戴亦欣, 孙悦. 2020. 基于制度性集体行动框架的协同机制长效性研究——以京津冀大气污染联防联控机制为例. 公共管理与政策评论, 9 (4): 15-26.

邓晓懿. 2012. 移动电子商务个性化服务推荐方法研究. 大连理工大学博士学位论文.

丁鹏程, 孙玉栋, 梅正午. 2019. 财政分权、地方政府行为与环境污染——基于 30 个省份 SO_2 排放量的实证研究. 经济问题探索, (11): 37-48.

董战峰, 葛察忠, 贾真, 等. 2020. 国家"十四五"生态环境政策改革重点与创新路径研究. 生态经济, 36 (8): 13-19.

杜治平, 张炜. 2019. 烧芭: 东南亚不能承受之痛. 生态经济, 35 (12): 1-4.

樊金璐. 2019. 基于用户可承受能力的清洁取暖技术经济性评价. 煤炭经济研究, 39(1): 39-44.

冯生尧, 谢瑶妮. 2001. 扎根理论: 一种新颖的质化研究方法. 现代教育论丛, (6): 51-53.

高长安. 2019-12-24. 京津冀大气污染防控应加强科技手段和平台建设. 中国科学报.

高军, 徐顺青, 陈鹏, 等. 2019. 我国北方地区清洁取暖金融支持对策与建议. 环境保护, 47(7): 42-44.

顾建光. 2006. 公共政策工具研究的意义、基础与层面. 公共管理学报, (4): 58-61, 110.

过孝民, 於方, 赵越. 2009. 环境污染成本评估理论与方法. 北京: 中国环境科学出版社.

国家统计局. 2018. 中国统计年鉴 2017. 北京: 中国统计出版社.

韩建国. 2016. 能源结构调整"软着陆"的路径探析——发展煤炭清洁利用、破解能源困局、践行能源革命. 管理世界, (2): 3-7.

郝吉明, Walsh M P. 2014-12-03. 大气污染防治行动计划绩效评估与区域协调机制研究. 中国环境报, (002).

何伟, 张文杰, 王淑兰, 等. 2019. 京津冀地区大气污染联防联控机制实施效果及完善建议. 环境科学研究, 32 (10): 1696-1703.

河北省统计局. 2018. 河北经济年鉴 2017. 北京：中国统计出版社.

贺东航, 孔繁斌. 2011. 公共政策执行的中国经验. 中国社会科学, (5)：61-79, 220-221.

胡日东, 林明裕. 2018. 双重差分方法的研究动态及其在公共政策评估中的应用. 财经智库, 3 (3)：84-111, 143-144.

胡宗义, 张丽娜, 李毅. 2019. 排污征费对绿色全要素生产率的影响效应研究——基于 GPSM 的政策效应评估. 财经理论与实践, 40 (6)：9-15.

黄萃, 苏竣, 施丽萍, 等. 2011. 政策工具视角的中国风能政策文本量化研究. 科学学研究, 29 (6)：876-882, 889.

黄萃, 赵培强, 苏竣. 2015. 基于政策工具视角的我国少数民族双语教育政策文本量化研究. 清华大学教育研究, 36 (5)：88-95.

黄新平, 黄萃, 苏竣. 2020. 基于政策工具的我国科技金融发展政策文本量化研究. 情报杂志, 39 (1)：130-137.

黄勇, 冯洁, 石亚灵, 等. 2016. 城镇燃气管网的健康评价及规划优化. 同济大学学报 (自然科学版), 44 (8)：1240-1247.

姜玲, 乔亚丽. 2016. 区域大气污染合作治理政府间责任分担机制研究——以京津冀地区为例. 中国行政管理, (6)：47-51.

蓝艳, 刘婷, 彭宁. 2017. 欧盟环境政策成本效益分析实践及启示. 环境保护, 45 (Z1)：99-103.

李辉, 黄雅卓, 徐美宵, 等. 2020. "避害型"府际合作何以可能？——基于京津冀大气污染联防联控的扎根理论研究. 公共管理学报, 17 (4)：53-61, 109, 168.

李江, 刘源浩, 黄萃, 等. 2015. 用文献计量研究重塑政策文本数据分析——政策文献计量的起源、迁移与方法创新. 公共管理学报, 12 (2)：138-144, 159.

李力行, 申广军. 2015. 经济开发区、地区比较优势与产业结构调整. 经济学 (季刊), 14 (3)：885-910.

李牧耘, 张伟, 胡溪, 等. 2020. 京津冀区域大气污染联防联控机制：历程、特征与路径. 城市发展研究, 27 (4)：97-103.

李文钊, 徐文. 2022. 基于因果推理的政策评估：一个实验与准实验设计的统一框架. 管理世界, 38 (12)：104-123.

李欣. 2016. 大数据环境下的危机信息整合模型研究. 现代情报, 36 (12)：36-39, 56.

李艳洁. 2019-09-16. 清洁取暖试点补贴退坡在即 中央地方寻求政策优化. 中国经营报.

李颖. 2006. 论墨西哥和美国边界环境问题的协调机制. 湘潭大学硕士学位论文.

李云燕, 王立华, 马靖宇, 等. 2017. 京津冀地区大气污染联防联控协同机制研究. 环境保护, 45 (17)：45-50.

李志军, 张毅. 2023. 公共政策评估理论演进、评析与研究展望. 管理世界, 39 (3)：158-171, 195, 172.

李梓涵昕, 周晶宇. 2020. 中国孵化器政策的演进特征、问题和对策——基于政策力度、政策工具、政策客体和孵化器生命周期的四维分析. 科学学与科学技术管理, 41 (9)：20-34.

刘佳, 蔡盼心, 王方方. 2020. 粤港澳大湾区城市群知识创新合作网络结构演化及影响因素研究. 技术经济, 39 (5)：68-78.

刘建国, 谢品华, 王跃思, 等. 2015. APEC 前后京津冀区域灰霾观测及控制措施评估. 中国科学院院刊，30（3）：368-377.

刘军. 2009. 整体网络分析讲义：UCINET 软件实用指南. 上海：格致出版社.

刘黎明，崔江龙. 2020. 空气污染视角下北京市产业结构调整的政策模拟研究. 中国人口·资源与环境，30（4）：85-94.

刘丽香，张丽云，赵芬，等. 2017. 生态环境大数据面临的机遇与挑战. 生态学报，37（14）：4896-4904.

刘玮辰，郭俊华，史冬波. 2021. 如何科学评估公共政策？——政策评估中的反事实框架及匹配方法的应用. 公共行政评论，14（1）：46-73，219.

刘云，叶选挺，杨芳娟，等. 2014. 中国国家创新体系国际化政策概念、分类及演进特征——基于政策文本的量化分析. 管理世界，（12）：62-69，78.

刘紫薇. 2018. 环境规制与大气污染——基于三大城市群的空间溢出效应研究. 天津大学硕士学位论文.

罗斌，蒋燕，王斌. 2014. 国内外 VOCs 排放标准体系研究. 广州化工，42（23）：33-35，92.

吕亚亚，朱彤. 2017. 工业锅炉及炉窑大气污染物排放标准的对比分析. 热能动力工程，32（1）：1-6，117.

马丽梅，张晓. 2014. 中国雾霾污染的空间效应及经济、能源结构影响. 中国工业经济，（4）：19-31.

芈凌云，杨洁. 2017. 中国居民生活节能引导政策的效力与效果评估——基于中国 1996～2015 年政策文本的量化分析. 资源科学，39（4）：651-663.

潘本锋，许人骥，宫正宇，等. 2017. 支撑京津冀区域大气污染联防联控的大气监测体系构建. 中国环境监测，33（5）：57-63.

彭纪生，仲为国，孙文祥. 2008. 政策测量、政策协同演变与经济绩效：基于创新政策的实证研究. 管理世界，（9）：25-36.

尚虎平，刘俊腾. 2023. 公共政策全过程科学评估：逻辑体系、技术谱系与应用策略. 学术研究，460（3）：47-57，177-178，2.

宋国君，钱文涛，马本，等. 2013. 中国酸雨控制政策初步评估研究. 中国人口·资源与环境，23（1）：6-12.

睢晓康，聂学全，沃飞，等. 2016-10-28. 大气质量排名如何完善？中国环境报.

佟琼，王稼琼，王静. 2014. 北京市道路交通外部成本衡量及内部化研究. 管理世界，（3）：1-9，40.

汪惠青，单钰理. 2020. 生态补偿在我国大气污染治理中的应用及启示. 环境经济研究，5（2）：111-128.

汪太贤. 1995. 当代比较法研究方法述评. 云南电大学报，（3）：13-16.

王帮俊，朱荣. 2019. 产学研协同创新政策效力与政策效果评估——基于中国 2006～2016 年政策文本的量化分析. 软科学，33（3）：30-35，44.

王镝，唐茂钢. 2019. 土地城市化如何影响生态环境质量？——基于动态最优化和空间自适应半参数模型的分析. 经济研究，54（3）：72-85.

王冠楠，孙贵东，沈胜学，等. 2016-11-02. 大气环境质量排名制度 完善考核机制提升环境质量. 中国环境报.

王红梅, 王振杰. 2016. 环境治理政策工具比较和选择——以北京 PM2.5 治理为例. 中国行政管理, (8): 126-131.

王金南, 宁淼, 孙亚梅. 2012. 区域大气污染联防联控的理论与方法分析. 环境与可持续发展, 37 (5): 5-10.

王恰, 郑世林. 2019. "2+26" 城市联合防治行动对京津冀地区大气污染物浓度的影响. 中国人口·资源与环境, 29 (9): 51-62.

王万茂, 王群, 严金明, 等. 2021. 土地利用规划学. 北京: 中国农业出版社.

王锡苓. 2004. 质性研究如何建构理论?——扎根理论及其对传播研究的启示. 兰州大学学报, (3): 76-80.

王艳荣, 黄东民. 2011. 试论比较研究法在教学中的应用. 学周刊, 109 (13): 111-112.

王宇, 王勇, 俞海, 等. 2020. 蓝天保卫战重点区域强化监督的环境与经济绩效评估. 环境与可持续发展, 45 (2): 60-64.

魏楚, 王丹, 吴宛忆, 等. 2017. 中国农村居民煤炭消费及影响因素研究. 中国人口·资源与环境, 27 (9): 178-185.

魏巍贤, 马喜立. 2015. 能源结构调整与雾霾治理的最优政策选择. 中国人口·资源与环境, 25 (7): 6-14.

魏巍贤, 王月红. 2017. 跨界大气污染治理体系和政策措施——欧洲经验及对中国的启示. 中国人口·资源与环境, 27 (9): 6-14.

吴峰, 施其洲. 2006. 基于熵值理论的产业结构与交通运输结构关系研究. 交通运输系统工程与信息, (1): 71-74, 110.

武卫玲, 薛文博, 王燕丽, 等. 2019. 《大气污染防治行动计划》实施的环境健康效果评估. 环境科学, 40 (7): 2961-2966.

徐大伟, 李斌. 2015. 基于倾向值匹配法的区域生态补偿绩效评估研究. 中国人口·资源与环境, 25 (3): 34-42.

薛文博, 王金南, 杨金田, 等. 2015. 《大气污染防治行动计划》实施环境效果模拟. 中国环境管理, 7 (2): 25-30.

杨汉清, 方彤, 王建梁, 等. 2015. 比较教育学. 北京: 人民教育出版社.

杨舒. 2020-01-02. 人工智能发展的热点透视. 光明日报.

姚东旻, 朱泳奕. 2019. 指引促进还是"锦上添花"?——我国财政补贴对企业创新投入的因果关系的再检验. 管理评论, 31 (6): 77-90.

叶芳, 王燕. 2013. 双重差分模型介绍及其应用. 中国卫生统计, 30 (1): 131-134.

于斌斌. 2015. 产业结构调整与生产率提升的经济增长效应——基于中国城市动态空间面板模型的分析. 中国工业经济, (12): 83-98.

于学华. 2019-10-12. 清洁取暖补贴持续 or 退出? 中国电力报.

原毅军, 谢荣辉. 2014. 环境规制的产业结构调整效应研究——基于中国省际面板数据的实证检验. 中国工业经济, (8): 57-69.

张程岑. 2018. 东南亚跨境烟霾问题及其治理合作研究. 云南大学硕士学位论文.

张国兴, 高秀林, 汪应洛, 等. 2014. 中国节能减排政策的测量、协同与演变——基于 1978—2013 年政策数据的研究. 中国人口·资源与环境, 24 (12): 62-73.

张辉，刘鹏，姜钧译，等. 2023. ChatGPT：从技术创新到范式革命. 科学学研究，1-15.

张样盛，张腊梅. 2014. 永川城区环境空气质量评价及变化研究. 环境科学导刊，33（2）：48-53.

张镒，刘人怀. 2021. 商业生态系统中互联网平台企业领导特征——基于扎根理论的探索性研究. 当代经济管理，43（6）：51-57.

张羽. 2013. 教育政策定量评估方法中的因果推断模型以及混合方法的启示. 清华大学教育研究，34（3）：29-40.

张云. 2015. 东南亚环境治理模式的转型分析——以"APP 事件"为例. 东南亚研究，（2）：69-77.

中国科学院"大气灰霾追因与控制"专项总体组. 2015. "大气国十条"实施以来京津冀 PM2.5 控制效果评估报告. 中国科学院院刊，30（5）：668-678.

钟奥. 2017. 地方政府间环境规制竞争对 FDI 区位选择影响研究. 中国矿业大学硕士学位论文.

钟茂初，李梦洁，杜威剑. 2015. 环境规制能否倒逼产业结构调整——基于中国省际面板数据的实证检验. 中国人口·资源与环境，25（8）：107-115.

周德田，郭景刚. 2013. 能源效率视角下中国能源结构的灰色关联及通径分析. 中国石油大学学报（社会科学版），29（1）：6-11.

周阳. 2019. 基于机器学习的医疗文本分析挖掘技术研究. 北京交通大学博士学位论文.

朱正威，石佳，刘莹莹. 2015. 政策过程视野下重大公共政策风险评估及其关键因素识别. 中国行政管理，（7）：102-109.

邹兰，江梅，周扬胜，等. 2016. 京津冀大气污染联防联控中有关统一标准问题的研究. 环境保护，44（2）：59-62.

邹晴晴，王勇，李广斌. 2016. 基于 SNA 的新型集中社区公共空间网络结构优化. 地理科学进展，35（7）：829-838.

佐佐木萌. 2014. 中日大气污染方面的环境责任比较研究——以机动车尾气排放导致的污染为主. 复旦大学硕士学位论文.

Al-Tuwaijri S A, Christensen T E, Hughes K E. 2004. The relations among environmental disclosure, environmental performance, and economic performance: a simultaneous equations approach. Account, Organization and Society, 29（5/6）: 447-471.

Andersson F N G, Opper S, Khalid U. 2018. Are capitalists green? Firm ownership and provincial CO_2 emissions in China. Energy Policy, 123: 349-359.

Andreoni J, Levinson A. 2001. The simple analytics of the environmental Kuznets curve. Journal of Public Economics, 80（2）: 269-286.

Anselin L. 1988. Spatial econometrics: methods and models. Economic Geography, 65（2）: 160-162.

Anselin L. 1995. Local indicators of spatial association-LISA. Geographical Analysis, 27（2）: 93-115.

Aunan K, Pan X C. 2004. Exposure-response functions for health effects of embient air pollution applicable for China—A meta-analysis. Science of the Total Environment, 329: 3-16.

Barrington-Leigh C, Baumgartner J, Carter E, et al. 2019. An evaluation of air quality, home heating and well-being under Beijing's programme to eliminate household coal use. Nature Energy, 4: 416-423.

Barwick P J, Li S, Rao D, et al. 2018. The morbidity cost of air pollution: evidence from consumer spending in China. NBER Working Paper.

Beland L P, Oloomi S. 2019. Environmental disaster, pollution and infant health: evidence from the Deepwater Horizon oil spill. Journal of Environmental Economics and Management, 98: 102265.

Blackman A. 2013. Evaluating forest conservation policies in developing countries using remote sensing data: an introduction and practical guide. Forest Policy and Economics, 34: 1-16.

Blei D M, Ng A Y, Jordan M I. 2003. Latent dirichlet allocation. Journal of Machine Learning Research, 3: 993-1022.

Bosquet B. 2000. Environmental tax reform: does it work? A survey of the empirical evidence. Ecological Economics, 34 (1): 19-32.

Boubakri N, Cosset J C, Saffar W. 2008. Political connections of newly privatized firms. Journal of Corporate Finance, 14 (5): 654-673.

Brei M, Pérez-Barahona A, Strobl E. 2016. Environmental pollution and biodiversity: light pollution and sea turtles in the Caribbean. Journal of Environmental Economics and Management, 77: 95-116.

Bruvoll A, Larsen B M. 2004. Greenhouse gas emissions in Norway: do carbon taxes work? Energy Policy, 32: 493-505.

Cai H, Chen Y, Gong Q. 2016. Polluting thy neighbor: unintended consequences of China's pollution reduction mandates. Journal of Environmental Economics and Management, 76: 86-104.

Cameron A C, Trivedi P K. 2005. Microeconometrics: Methods and Applications. New York: Cambridge University Press.

Campbell J L, Chen H, Dhaliwal D S, et al. 2014. The information content of mandatory risk factor disclosures in corporate filings. Review of Accounting Studies, 19 (1): 396-455.

Carley S, Davies L L, Spence D B, et al. 2018. Empirical evaluation of the stringency and design of renewable portfolio standards. Nature Energy, 3: 754-763.

Carraro C, Galeotti M, Gallo M. 1996. Environmental taxation and unemployment: some evidence on the 'double dividend Hypothesis' in Europe. Journal of Public Economics, 62(1/2): 141-181.

Carrion-Flores C E, Innes R, Sam A G. 2013. Do voluntary pollution reduction programs (VPRs) spur or deter environmental innovation? Evidence from 33/50. Journal of Environmental Economics & Management, 66 (3): 444-459.

Cecchini M, Aytug H, Koehler G J, et al. 2010. Making words work: using financial text as a predictor of financial events. Decision Support Systems, 50 (1): 164-175.

Chapman A J, McLellan B, Tezuka T. 2016a. Proposing an evaluation framework for energy policy making incorporating equity: applications in Australia. Energy Research & Social Science, 21: 54-69.

Chapman A, McLellan B, Tezuka T. 2016b. Strengthening the energy policy making process and sustainability outcomes in the OECD through policy design. Administrative Sciences, 6(3): 1-16.

Chen X, Shuai S, Tian Z, et al. 2016. Impacts of air pollution and its spatial spillover effect on public health based on China's big data sample. Journal of Cleaner Production, 142: 915-925.

Chen Y, Ebenstein A, Greenstone M, et al. 2013. Evidence on the impact of sustained exposure to air pollution on life expectancy from China's Huai River Policy. Proceedings of the National Academy of Sciences of the United States of America, 110 (32): 12936-12941.

Cheng Z, Li L, Liu J. 2017. Identifying the spatial effects and driving factors of urban $PM_{2.5}$ pollution in China. Ecological Indicators, 82: 61-75.

Clarkson P M, Li Y, Richardson G D, et al. 2008. Revisiting the relation between environmental performance and environmental disclosure: an empirical analysis. Accounting, Organizations and Society, 33 (4/5): 303-327.

Cole M A, Elliott R J R. 2003. Determining the trade-environment composition effect: the role of capital, labor and environmental regulations. Journal of Environmental Economics & Management, 46: 363-383.

Dietz T, Rosa E A. 1994. Rethinking the environmental impacts of population, affluence and technology. Human Ecology Review, 1 (2): 277-300.

Ding S, Jia C, Wu Z, et al. 2014. Executive political connections and firm performance: comparative evidence from privately-controlled and state-owned enterprises. International Review of Financial Analysis, 36: 153-167.

Du H, Guo Y, Lin Z, et al. 2021. Effects of the joint prevention and control of atmospheric pollution policy on air pollutants—A quantitative analysis of Chinese policy texts. Journal of Environmental Management, 300: 113721.

Du Y, Sun T, Peng J, et al. 2018. Direct and spillover effects of urbanization on $PM_{2.5}$, concentrations in China's top three urban agglomerations. Journal of Cleaner Production, 190: 72-83.

Du Y, Wan Q, Liu H, et al. 2019. How does urbanization influence $PM_{2.5}$ concentrations? Perspective of spillover effect of multi-dimensional urbanization impact. Journal of Cleaner Production, 220: 974-983.

Ebenstein A, Fan M, Greenstone M, et al. 2017. New evidence on the impact of sustained exposure to air pollution on life expectancy from China's Huai River Policy. Proceedings of the National Academy of Sciences of the United States of America, 114 (39): 10384-10389.

Faccio M. 2006. Politically connected firms. American Economic Review, 96 (1): 369-386.

Fan X, Li X, Yin J. 2019. Impact of environmental tax on green development: a nonlinear dynamical system analysis. PLoS One, 14: 1-23.

Feldman R, Govindaraj S, Livnat J, et al. 2010. Management's tone change, post earnings announcement drift and accruals. Review of Accounting Studies, 15 (4): 915-953.

Feng T, Du H, Coffman D, et al. 2021a. Clean heating and heating poverty: a perspective based on cost-benefit analysis. Energy Policy, 152 (1): 112205.

Feng T, Du H B, Lin Z G, et al. 2020. Spatial spillover effects of environmental regulations on air pollution: evidence from urban agglomerations in China. Journal of Environmental Management, 272: 110998.

Feng T, Lin Z, Du H, et al. 2021b. Does low-carbon pilot city program reduce carbon intensity? Evidence from Chinese cities. Research in International Business and Finance, 58: 101450.

Fredriksson P G. 1998. Environmental policy choice: pollution abatement subsidies. Resource and

Energy Economics, 20: 51-63.

Freire-Gonzalez J, Puig-Ventosa I. 2019. Reformulating taxes for an energy transition. Energy Economics, 78: 312-323.

Fryxell G E, Lo C W H. 2001. Organizational membership and environmental ethics: a comparison of managers in state-owned firms, collectives, private firms and joint ventures in China. World Development, 29 (11): 1941-1956.

Fu S, Gu Y. 2017. Highway toll and air pollution: evidence from Chinese cities. Journal of Environmental Economics and Management, 83: 32-49.

Gehrsitz M. 2017. The effect of low emission zones on air pollution and infant health. Journal of Environmental Economics and Management, 83: 121-144.

Glaser B, Strauss A. 1967. The Discovery of Grounded Theory: Strategies for Qualitative Research. New York: Aldine de Gruyter.

Glasgow D, Zhao S. 2016. Has the clean air interstate rule fulfilled its mission? An assessment of federal rule—Making in preventing regional spillover pollution. Review of Policy Research, 34 (2): 186-207.

Grimmer J. 2010. A Bayesian hierarchical topic model for political texts: measuring expressed agendas in Senate press releases. Political Analysis, 18 (1): 1-35.

Grimmer J, King G. 2011. General purpose computer-assisted clustering and conceptualization. Proceedings of the National Academy of Sciences, 108 (7): 2643-2650.

Grimmer J, Stewart B M. 2013. Text as data: the promise and pitfalls of automatic content analysis methods for political texts. Political Analysis, 21 (3): 267-297.

Grout P A, Stevens M. 2003. The assessment: financing and managing public services. Oxford Review of Economic Policy, 19 (2): 215-234.

Hamilton T L, Wichman C J. 2018. Bicycle infrastructure and traffic congestion: evidence from DCs Capital Bikeshare. Journal of Environmental Economics & Management, 87: 72-93.

Han F, Li J. 2020. Assessing impacts and determinants of China's environmental protection tax on improving air quality at provincial level based on Bayesian statistics. Journal of Environmental Management, 271: 111017.

He P, Ning J, Yu Z, et al. 2019. Can environmental tax policy really help to reduce pollutant emissions? An empirical study of a panel ARDL model based on OECD countries and China. Sustainability, 11 (16): 4384.

Heckman J J, Moon S H, Pinto R, et al. 2010. The rate of return to the high/scope perry preschool program. Journal of Public Economics, 94 (1/2): 114-128.

Hobbins A, Barry L, Kelleher D, et al. 2018. Utility values for health states in Ireland: a value set for the EQ-5D-5L. Pharmacoeconomics, 36: 1345-1353.

Hoffmann R, Lee C G, Ramasamy B, et al. 2005. FDI and pollution: a granger causality test using panel data. Journal of International Development, 17 (3): 311-317.

Hu B, Dong H J, Jiang P, et al. 2020. Analysis of the applicable rate of environmental tax through different tax rate scenarios in China. Sustainability, 12 (10): 1-14.

Hu X, Sun Y, Liu J, et al. 2019. The impact of environmental protection tax on sectoral and spatial distribution of air pollution emissions in China. Environmental Research Letters, 14 (5): 106245.

Hu X, Waller L A, Al-Hamdan M Z, et al. 2013. Estimating ground-level $PM_{2.5}$ concentrations in the southeastern U.S. using geographically weighted regression. Environmental Research, 121: 1-10.

Huang C, Santibanez-Gonzalez E D, Song M. 2018. Interstate pollution spillover and setting environmental standards. Journal of Cleaner Production, 170: 1544-1553.

Jiang L, He S, Zhou H. 2020. Spatio-temporal characteristics and convergence trends of $PM_{2.5}$ pollution: a case study of cities of air pollution transmission channel in Beijing-Tianjin-Hebei Region, China. Journal of Cleaner Production, 256: 120631.

Jin H, Qian Y, Weigngast B R. 2005. Regional decentralization and fiscal incentives: federalism, Chinese style. Journal of Public Economics, 89 (9/10): 1719-1742.

Kar M, Nunes S, Ribeiro C. 2015. Summarization of changes in dynamic text collections using latent dirichlet allocation model. Information Processing and Management, 51 (6): 809-833.

Kathuria V. 2006. Controlling water pollution in developing and transition countries-lessons from three successful cases. Journal of Environmental Management, 78 (4): 405-426.

Kothari S P, Li X, Short J E. 2009. The effect of disclosures by management, analysts, and business press on cost of capital, return volatility, and analyst forecasts: a study using content analysis. The Accounting Review, 84 (5): 1639-1670.

Krass D, Nedorezov T, Ovchinnikov A. 2013. Environmental taxes and the choice of green technology. Production and Operations Management, 22: 1035-1055.

Kravet T, Muslu V. 2013. Textual risk disclosures and investors' risk perceptions. Review of Accounting Studies, 18 (4): 1088-1122.

Lanjouw J O, Mody A. 1996. Stimulating innovation and the international diffusion of environmental responsive technology. Research Policy, 25: 549-571.

Lanoie P, Patry M, Lajeunesse R. 2008. Environmental regulation and productivity: testing the Porter Hypothesis. Journal of Productivity Analysis, 30: 121-128.

Leiter A M, Parolini A, Winner H. 2011. Environmental regulation and investment: evidence from European industry data. Ecological Economics, 70 (4): 759-770.

LeSage J P, Pace K R. 2009. Introduction to Spatial Econometrics. New York: CRC Press.

Li F, Xiao X, Xie W, et al. 2018. Estimating air pollution transfer by interprovincial electricity transmissions: the case study of the Yangtze River Delta Region of China. Journal of Cleaner Production, 183: 56-66.

Li G, Fang C, Wang S, et al. 2016. The effect of economic growth, urbanization, and industrialization on Fine Particulate Matter ($PM_{2.5}$) concentrations in China. Environmental Science & Technology, 50 (21): 11452-11459.

Li P, Lin Z, Du H, et al. 2021. Do environmental taxes reduce air pollution? Evidence from fossil-fuel power plants in China. Journal of Environmental Management, 295: 113112.

Li Y, Sun Z. 2021. Green development system innovation and policy simulation in Tianjin based on system dynamics model. Human and Ecological Risk Assessment, 27 (3): 773-789.

Liang J, Langbein L. 2021. Are state-owned enterprises good citizens in environmental governance? Evidence from the control of air pollution in China. Administration & Society, 53 (8): 1263-1292.

Lipscomb M, Mobarak A M. 2017. Decentralization and pollution spillovers: evidence from the re-drawing of county borders in Brazil. The Review of Economic Studies, 84 (1): 464-502.

Lin B, Jia Z. 2018. The energy, environmental and economic impacts of carbon tax rate and taxation industry: a CGE based study in China. Energy, 159: 558-568.

Lin B Q, Li X H. 2011. The effect of carbon tax on per capita CO_2 emissions. Energy Policy, 39(9): 5137-5146.

Liu H, Wang X. 2011. The nature, features and governance of state-owned energy enterprises. Energy Procedia, 5: 713-718.

Magnussen S. 2015. International Encyclopedia of the Social & Behavioral Sciences. 2nd ed. London: Macmillan.

Mandelkern R. 2016. Explaining the striking similarity in macroeconomic policy responses to the Great Recession: the institutional power of macroeconomic governance. Comparative Political Studies, 49 (2): 219-252.

Mardones C, Mena C. 2020. Effects of the internalization of the social cost of global and local air pollutants in Chile. Energy Policy, 147: 111875.

Marquis C, Qian C. 2014. Corporate social responsibility reporting in China: symbol or substance? Organization Science, 25 (1): 127-148.

McAfee A, Brynjolfsson E. 2012. Big data: the management revolution. Harvard Business Review, 90 (10): 60-68.

McGuire C J. 2022. Disproportionality in design and impact: ensuring equity when developing and implementing environmental policies. Environmental Justice, 15 (2): 72-75.

Mckendall M, S'anchez C, Sicilian P. 1999. Corporate governance and corporate illegality: the effects of board structure on environmental violations. The International Journal of Organizational Analysis, 7 (3): 201-223.

Merlevede B, Verbeke T, de Clercq M. 2006. The EKC for SO_2: does firm size matter? Ecological Economics, 59 (4): 451-461.

Mi Z, Liao H, Coffman D, et al. 2019. Assessment of equity principles for international climate policy based on an integrated assessment model. Natural Hazards, 95: 309-323.

Moran P. 1950. A test for the serial independence of residuals. Biometrika, 37 (1/2): 178-181.

Morrissey J, Meyrick B, Sivaraman D, et al. 2013. Cost-benefit assessment of energy efficiency investments: accounting for future resources, savings and risks in the Australian residential sector. Energy Policy, 54: 148-159.

Nie L, Wang H. 2022. Government responsiveness and citizen satisfaction: evidence from environmental governance. Governance, 1-22.

Olazabal M, Galarraga I, Ford J, et al. 2019. Are local climate adaptation policies credible? A conceptual and operational assessment framework. International Journal of Urban Sustainable

Development, 11（3）: 277-296.

Pang A, Shaw D. 2011. Optimal emission tax with pre-existing distortions. Environmental Economics & Policy Studies, 13（2）: 79-88.

Peng X. 2020. Strategic interaction of environmental regulation and green productivity growth in China: green innovation or pollution refuge? Science of the Total Environment, 732: 139200.

Porter M E, van der Linde C. 1995. Toward a new conception of the environment competitiveness relationship. Journal of Economic Perspectives, 9: 97-118.

Powell J, Hopkins M. 2015. A Librarian's Guide to Graphs, Data and the Semantic Web. Holland: Elsevier.

Qiu L D, Zhou M, Wei X. 2018. Regulation, innovation, and firm selection: the porter hypothesis under monopolistic competition. Journal of Environmental Economics and Management, 92: 638-658.

Radulescu M, Sinisi C I, Popescu C, et al. 2017. Environmental tax policy in Romania in the context of the EU: double dividend theory. Sustainability, 9（11）: 1986.

Rapanos V T, Polemis M L. 2005. Energy demand and environmental taxes: the case of Greece. Energy Policy, 33（14）: 1781-1788.

Rogers J L, van Buskirk A, Zechman S L C. 2011. Disclosure tone and shareholder litigation. The Accounting Review, 86（6）: 2155-2183.

Shahnazi R, Shabani Z D. 2019. The effects of spatial spillover information and communications technology on carbon dioxide emissions in Iran. Environmental Science and Pollution Research, 26: 24198-24212.

Shahzad U. 2020. Environmental taxes, energy consumption, and environmental quality: theoretical survey with policy implications. Environmental Science and Pollution Research, 27: 24848-24862.

Shao S, Li X, Cao J, et al. 2016. China's economic policy choices for governing smog pollution based on spatial spillover effects. Economic Research, 9: 73-88.

Shapiro J S, Walker R. 2018. Why is pollution from US manufacturing declining? The roles of environmental regulation, productivity, and trade. American Economic Review, 108（12）: 3814-3854.

Sheehan P, Cheng E, English A, et al. 2014. China's response to the air pollution shock. Nature Climate Change, 4: 306-309.

Shen G, Ru M, Du W, et al. 2019. Impacts of air pollutants from rural Chinese households under the rapid residential energy transition. Nature Communications, 10: 3405.

Shi X, Chan H, Dong C. 2020. Value of bargaining contract in a supply chain system with sustainability investment: an incentive analysis. IEEE Transactions on Systems, Man, and Cybernetics: Systems, 50（4）: 1622-1634.

Sigman H. 2005. Transboundary spillovers and decentralization of environmental policies. Journal of Environmental Economics and Management, 50（1）: 82-101.

Smedberg H, Bandaru S. 2023. Interactive knowledge discovery and knowledge visualization for decision support in multi-objective optimization. European Journal of Operational Research, 306（3）: 1311-1329.

Strauss A, Corbin J. 1998. Basics of Qualitative Research: Techniques and Procedures for Developing Grounded Theory. Thousand Oaks: Sage.

Streimikis J, Balezentis T. 2020. Agricultural sustainability assessment framework integrating sustainable development goals and interlinked priorities of environmental, climate and agriculture policies. Sustainable Development, 28（6）: 1702-1712.

Tokimatsu K, Dupuy L, Hanley N. 2019. Using genuine savings for climate policy evaluation with an integrated assessment model. Environmental & Resource Economics, 72（1SI）: 281-307.

Torras M, Boyce J K. 1998. Income, inequality, and pollution: a reassessment of the environmental Kuznets curve. Ecological Economics, 25: 147-160.

Ulph A. 2000. Harmonization and optimal environmental policy in a federal system with asymmetric information. Journal of Environmental Economics and Management, 39（2）: 224-241.

Vandyck T, Keramidas K, Kitous A, et al. 2018. Air quality co-benefits for human health and agriculture counterbalance costs to meet Paris Agreement pledges. Nature Communications, 9: 4939.

Vera S, Sauma E. 2015. Does a carbon tax make sense in countries with still a high potential for energy efficiency? Comparison between the reducing-emissions effects of carbon tax and energy efficiency measures in the Chilean case. Energy, 88: 478-488.

Wang H, Jin Y. 2007. Industrial ownership and environmental performance: evidence from China. Environmental and Resource Economics, 36: 255-273.

Wang H, Zhao L, Xie Y, et al. 2016. "APEC blue"—The effects and implications of joint pollution prevention and control program. Science of the Total Environment, 553: 429-438.

Wang J, Liu B, School of Economics of Nankai University, et al. 2014. Environmental regulation and enterprises' TFP: an empirical analysis based on China's industrial enterprises data. China Industrial Economics, 3: 44-56.

Wang J X, Lin J T, Feng K S, et al. 2019. Environmental taxation and regional inequality in China. Science Bulletin, 64（22）: 1691-1699.

Wang J Y, Wang K, Shi X P, et al. 2019. Spatial heterogeneity and driving forces of environmental productivity growth in China: would it help to switch pollutant discharge fees to environmental taxes? Journal of Cleaner Production, 223: 36-44.

Wang R, Wijen F, Heugens P. 2018. Government's green grip: multifaceted state influence on corporate environmental actions in China. Strategic Management Journal, 39（2）: 403-428.

Wang Y, Liu H, Mao G, et al. 2017. Inter-regional and sectoral linkage analysis of air pollution in Beijing-Tianjin-Hebei urban agglomeration of China. Journal of Cleaner Production, 165: 1436-1444.

Wang Y, Shen N. 2016. Environmental regulation and environmental productivity: the case of China. Renewable and Sustainable Energy Reviews, 62: 758-766.

Wang Y, Yu L. 2021. Can the current environmental tax rate promote green technology innovation? Evidence from China's resource-based industries. Journal of Cleaner Production, 278: 123443.

Wang Y, Zhang S, Hao J. 2019. Air pollution control in China: progress, challenges, and future pathways. Research of Environmental Sciences, 32: 1755-1762.

Watts D. 2007. A twenty-first century science. Nature, 445: 489.

Wei W, Dong A P. 2016. Mechanism analysis and policy suggestions on energy tax promoting renewable energy development. Old Liberated Area Built, 14: 8-10.

World Bank. 2010. Cost of pollution in China: economic estimates of physical damages. World Bank Report. http://documents.worldbank.org/curated/en/782171468027560055/Cost-of-pollution-in-China-economic-estimates-of-physical-damages, 2010-07-01.

Wu D, Xu Y, Zhang S Q. 2015. Will joint regional air pollution control be more cost-effective? An empirical study of China's Beijing-Tianjin-Hebei Region. Journal of Environmental Management, 149: 27-36.

Xing M Q, Tan T T. 2020. Environmental attitudes and impacts of privatization on R&D, environment and welfare in a mixed duopoly. Economic Research, 34 (1): 807-827.

Yang X, He L, Zhong Z, et al. 2020. How does China's green institutional environment affect renewable energy investments? The nonlinear perspective. Science of the Total Environment, 727: 138689.

Yu M, Cruz J M, Li D M. 2019. The sustainable supply chain network competition with environmental tax policies. International Journal of Production Economics, 217: 218-231.

Zeng D Z, Zhao L. 2009. Pollution havens and industrial agglomeration. Journal of Environmental Economics and Management, 58 (2): 141-153.

Zhang G, Liu W, Duan H. 2020. Environmental regulation policies, local government enforcement and pollution-intensive industry transfer in China. Computers & Industrial Engineering, 148: 106748.

Zhang J, Marquis C, Qiao K. 2016. Do political connections buffer firms from or bind firms to the government? A study of corporate charitable donations of Chinese firms. Organization Science, 27 (5): 1307-1324.

Zhang L, Ren S, Chen X, et al. 2020. CEO hubris and firm pollution: state and market contingencies in a transitional economy. Journal of Business Ethics, 161: 459-478.

Zhang Q, Zheng Y, Tong D, et al. 2019. Drivers of improved $PM_{2.5}$ air quality in China from 2013 to 2017. Proceedings of the National Academy of Sciences of the United States of America, 12: 36-38.

Zhang T, Zhang Q, Fan Q. 2017. Research on the governance motivation of companies and the externality of public participation under the government environmental regulation. China Population, Resources and Environment, 27: 36-43.

Zhang Y J, Li X P, Jiang F T, et al. 2020. Industrial policy, energy and environment efficiency: evidence from Chinese firm-level data. Journal of Environmental Management, 260: 110123.

Zhang Z X, Baranzini A. 2004. What do we know about carbon taxes? An inquiry into their impacts on competitiveness and distribution of income. Energy Policy, 32 (4): 507-518.

Zheng Y. 2007. De Facto Federalism in China: Reforms and Dynamics of Central-Local Relations.

Singapore: World Scientific Publishing.

Zhong S, Xiong Y, Xiang G. 2020. Environmental regulation benefits for whom? Heterogeneous effects of the intensity of the environmental regulation on employment in China. Journal of Environmental Management, 281: 111877.

Zhou Y, Kong Y, Sha J, et al. 2019. The role of industrial structure upgrades in eco-efficiency evolution: spatial correlation and spillover effects. Science of the Total Environment, 687: 1327-1336.

Zimmermann M, Pye S. 2018. Inequality in energy and climate policies: assessing distributional impact consideration in UK policy appraisal. Energy Policy, 123: 594-601.

附　　录

环保部门调研提纲

（一）大气污染治理制度设计与评估

1. 制度体系相关（治理大气污染的制度保障）

目前地方政府部门进行大气污染防治的政策体系如何构建？有哪些政策手段，如地方条例、行政法规、规范性文件、行动计划、工作方案、经济政策等？

2. 环境经济政策层面（经济补偿）

目前中央大气污染防治专项资金安排与地方环境空气质量改善绩效是否形成联动机制？大气污染治理中跨地区以及本地区的经济补偿是如何进行的？

（二）大气污染治理具体措施手段

1. 产业结构层面

当地产业结构调整的重点是什么？高耗能、高污染行业如何收紧准入条件、提高门槛？对于"散乱污"企业如何开展综合整治行动方案并确定集群整治标准？

2. 能源结构层面

当地节能取暖工作如何推进，区域散煤治理怎样进行？控制煤炭消费总量是否可行？"煤改电""煤改气"过程中遇到的主要阻碍是什么？

3. 运输结构层面

移动源的污染防治工作如何推进？对于销售、登记、使用地点不一致的问题如何解决？怎样协调推进老旧车辆淘汰、车船结构升级等行动？

4. 专项行动层面（秋冬季、柴油车、工业炉窑、VOCs 等）

上一年度秋冬季治理行动计划效果如何？重点对哪些领域进行管理？本年度秋冬季空气质量提高或者下降的主要原因是什么？

（三）大气污染协同治理模式

1. 区域联防联控层面

当地是否参与了区域协作治理大气污染？参与区域协作的通道和机制是怎样的？目前区域的协作机制在实际中发挥了多大作用？京津冀大气污染联防联控从协作小组升级为领导小组是否对区域协作机制带来明显改善？还存在哪些问题？

2. 跨部门协作层面

在大气污染防治中，专项治理行动涉及多个职能部门。本地各职能部门的职责范围是如何划分的，责任是如何落实的？环保部门在其中起到怎样的作用？应该怎样发挥环保部门在协作过程中的核心作用？

（四）大气污染治理监管与反馈

1. 监管手段层面（环境监测+环境执法+环保督察）

2. 社会参与层面

公众参与机制对治污效果有怎样的积极影响？如何调动公众参与的积极性？

附　　表

附表 1　访谈资料扎根结果

附表 2　我国"四大结构调整"政策分阶段度数中心性分析结果（前 10 位、后 10 位）

附表 3　我国中央、地方"四大结构调整"政策度数中心性分析结果（前 10 位、后 10 位）

附表 4　2018～2020 年各省市"煤改电"和"煤改气"补贴情况

附表1　访谈资料扎根结果

附表1a　访谈资料扎根结果（四个统一）

主范畴	范畴	初始概念	序号	贴标签
统一规划	法律法规	法律不明确	221	法律层面不明确，地方执行没有抓手
		顶层设计	219	联防联控约束力不强，缺乏顶层设计和整体布局
		执法依据	150	环境执法缺乏执法依据
		落后现实需求	136	法律法规设计落后于现实治理需求，缺乏法律支撑，仅依赖行政命令
	污染源清单	清晰性	20	污染物溯源不明晰，难以达到考核指标
		准确性	34	污染源清单需要根据实际情况做细分
	污染物成因	污染物成因不明	8	臭氧形成机理认识不足，缺少治本措施
	组织机制	协同治理	220	污染物协同减排不清楚
		牵头机构	84	缺乏综合性的牵头机构，组织机制不顺畅
		行政级别	128	机构级别较低，调动不了其他部门
		部门合作	32	机构设置上核心仍是环保部门，其他部门缺乏合作
		部门参与	15	区域协作机制工作面窄，难以调动其他部门积极参与
		部门分工	17	区域跨部门协作分工不够明确，特别是法律文件未明确规定的部门难以协作
		权责匹配	16	任务分配不合理，环保局行政影响力较小，导致部门间难以有效合作和配合
		行政强制手段效果不佳	94	过度依赖行政命令，行政追责导致地方压力大，环境治理成效快但是持续性不足
		基层政府压力传导不够	13	受资金限制生态环境补偿制度未充分实施，乡镇政府压力传导不够，核心文件出台较晚

主范畴	范畴	初始概念	序号	贴标签
统一标准	污染物排放标准	标准缺乏	5	省级排放标准难以适用于地方实际情况，处罚没有法律依据
		标准宽松	53	制造行业企业多、规模小，标准宽松，缺乏有效的治理措施，无组织排放，管理不到位
		标准不统一	114	标准不统一
		缺乏技术规范	179	VOCs治理滞后，缺乏技术规范，监测存在难题
统一监测	监测系统	精度不足	3	在线监控设施精度难以达到标准，需由政府统一管理
		缺乏监管	4	监测机构缺乏监管，与企业串通
		监控设备成本	44	在线监控设备成本高，地方政府负担压力大
		站点位置	76	监测站位置不统一，不合理
		数据质量	100	数据质量较低
		数字环保建设	12	数字环保建设不健全，未实现数据共享、追踪、支撑
		数据共享	24	信息平台数据不完备，数据共享不完善
	环保督察	督察重复	18	环保督察存在重复检查的问题
		督察影响	107	督察影响地方正常工作，并且督察建议不一致
统一的防治措施	结构调整	产业布局	10	城市空气扩散条件差，产业结构以重工业为主，废气排放量大
		能源结构	113	能源结构不合理，分布不均匀，导致难以停产
		运输结构	55	铁路运输占比偏低，运输结构不合理
	移动源治理	治理难度	21	难以控制超标车辆
		顶层设计	145	机动车污染治理需要国家层面解决，末端治理成效不显著

附表1b　访谈资料扎根结果（政策本身）

主范畴	范畴	初始概念	序号	贴标签
政策评估	经济环境评估	评估模式	14	缺乏环境效果和经济效益相结合的评估模式
		环评	52	环评流于形式，未真正落实，缺乏后评估，工业园区散乱，未规划好
政策目标	考核指标	考核指标不合理	22	考核指标应扩大范围，多样化、合理化；数据平台应统一标准，方便对接
		目标一刀切	27	降尘目标未考虑实际治理空间，一刀切现象严重
		鞭打快牛	35	排名方式考虑改善率和绝对值，改善率提高对于排名靠前的地方不友好
		流于形式	75	空气质量排名成了奖惩机制，机制容易流于形式
		目标冲突	93	目标之间出现冲突
		问责压力	85	由于问责力度加大，环保局人员更换频繁
	气象条件	气象条件	26	气象条件差，外来沙尘输入影响大，能源结构以煤为主，工业排放大，工地扬尘严重

续表

主范畴	范畴	初始概念	序号	贴标签
政策执行	政策实施 冲突	治理难度	30	"煤改电"实施难度大,建设周期长,居民意愿冲突, 经济进展容易出现反弹
		地方负荷	38	省级政府和中央政府政策冲突,执行部门难以推行政 策,政策推行过程中地方负荷严重
		政策衔接	79	"煤改气"制度衔接不到位
		政策变迁	33	费改税后激励作用不显著
	源头治理	提升改造	36	退城搬迁难以提升整体空气质量,需要不断提升改造
		源头治理	70	清洁煤控制难,需要从源头加以控制
	政策落实	可操作性	43	方案可操作性差
		落实不 到位	64	只有重污染应急预警能做到联防联控,联防联控落实不 到位
		因地制宜	69	政策改造未考虑农村实际
		治理难度	78	工地扬尘实际治理难度较大
		治理反弹	58	空气质量不降反升
		治理时间	203	地方治理时间长,效果难以立刻达到,专项资金不到位
		宣传引导	122	宣传不到位,引导不充分
	政策反复	难以双赢	50	环保政策出现反复,地方环境与经济难以做到双赢
		治理浪费	110	环保政策变化快,导致地方环保设施浪费
		改造成本	164	政策提标改造过快,地方治理成本加大
政策保障	人员保障	人员配置	47	环保监测超级站运行不良,人员配置少,培训不完备
		人员素质	71	基层政府人员普遍素质不高,政策执行受阻
		人员能力	91	人员能力不足,导致攻坚办工作效果不理想
	技术与设 施保障	配套设施 和技术	108	VOCs治理落后,缺乏治理设施和治理技术
		基础保障	209	双替代缺乏基础设施保障和支撑
		技术保障	222	技术层面落后于管理层面
	资金保障	运行成本	202	移动源治理设备成本较高,给地方带来财政压力
		资金压力	13	地方财政压力大,跟不上治理需求
		补偿不 合理	6	工业排放难以做到联防联控,补偿手段不合理

附表2　我国"四大结构调整"政策分阶段度数中心性分析结果（前10位、后10位）

附表2a　产业结构调整政策分阶段度数中心性

	第一阶段			第二阶段			第三阶段			第四阶段		
	关键词	度数中心性	平均度	关键词	度数中心性	平均度	关键词	度数中心性	平均度	关键词	度数中心性	平均度
前10位	监测	38		监测	48		监测	58		监测	69	
	监督	38		监督	48		监督	58		监督	69	
	环境影响评价	38		检查	48		考核	58		预警	69	
	审批	37		考核	48		融资	57		升级改造	69	
	检查	37	36.4	通报	48	47.7	预警	57	57.3	审批	69	68.6
	考核	36		应急	48		审批	57		违法	69	
	产业结构调整	35		违法	48		检查	57		产业结构调整	68	
	融资	35		公众参与	47		应急	57		信息公开	68	
	应急	35		产业结构调整	47		审查	57		排查	68	
	违法	35		环境影响评价	47		违法	57		检查	68	
后10位	舆论引导	21		企业搬迁改造	31		社会化监测	31		价格优惠政策	61	
	升级改造	19		产业技术水平	31		超标处罚	29		区域产业布局	61	
	超标处罚	17		综合整治行动	30		台账管理制度	29		整改提升	57	
	价格优惠政策	17		市场主体	30		限期淘汰制度	25		产业技术水平	54	
	激励政策	16	14.0	整治标准	30	26.7	出口关税政策	25	23.7	特许经营权	45	40.0
	税收优惠政策	14		产业布局规划	29		价格优惠政策	24		台账管理制度	37	
	关停取缔	13		限期达标	29		整合搬迁	23		限期淘汰制度	27	
	综合整治行动	11		价格优惠政策	28		超低排放改造	18		产业政策目录	27	
	产业技术水平	8		产业政策目录	16		产业政策目录	18		行业绿色标准	19	
	区域产业布局	4		整改提升	13		绿色债券	15		融资审核	12	

附表2b　能源结构调整政策分阶段度数中心性

		第一阶段			第二阶段			第三阶段			第四阶段		
		关键词	度数中心性	平均度	关键词	度数中心性	平均度	关键词	度数中心性	平均度	关键词	度数中心性	平均度
前10位		清洁能源	28	25.3	监督管理	40	36.8	煤炭	53	51.2	清洁能源	64	63.4
		宣传教育	28		宣传教育	39		清洁能源	52		新能源	64	
		集中供热	28		清洁能源	38		新能源	52		煤炭	64	
		监督管理	27		集中供热	38		监督管理	52		监督管理	64	
		煤炭	26		举报	36		热电联产	52		煤改气	64	
		热电联产	25		煤炭	36		集中供热	52		专项资金	63	
		评估	25		专项资金	36		专项资金	51		信息公开	63	
		举报	22		评估	36		评估	50		集中供热	63	
		抽查	22		热电联产	35		举报	49		超低排放	63	
		专项资金	22		审查	34		宣传教育	49		举报	62	
后10位		煤改气	17	10.8	开发利用风能	14	9.2	煤质监管	24	19.2	天然气供储销	32	23.5
		高污燃料禁燃	16		全民节能行动	12		建筑节能减排	24		大型燃气供热锅炉	31	
		绿色生活	12		煤质监管	12		可再生能源电价附加标准	23		节能环保型炉灶	31	
		信息公开	12		排污系数测算	12		能源科技投入	22		优质煤替代工程	26	
		洗精煤	10		洗精煤	11		重点输电通道建设	20		可再生能源电价附加标准	26	
		天然气发电	10		分类抽样监测	11		大型燃气供热锅炉	20		能源电价科技投入	23	
		绿色建筑	10		审理	6		生物天然气	18		生物质能供热	23	
		排查	8		天然气发电	5		洗精煤	18		优化煤炭使用方式	22	
		审理	7		超低排放	5		全民节能行动	12		洗精煤	19	
		开发利用风能	6		燃煤锅炉整治	4		排污系数测算	11		排污系数测算	2	

附表2c　运输结构调整政策分阶段度数中心性

	第一阶段			第二阶段			第三阶段		
	关键词	度数中心性	平均度	关键词	度数中心性	平均度	关键词	度数中心性	平均度
前10位	机动车排放标准	23	17.7	油气回收治理	12	10.5	监督检查	61	54.9
	执法检查	21		新能源汽车	12		非道路移动机械	58	
	监督管理	20		宣传教育	12		船舶排放控制	58	
	宣传教育	19		监督检查	12		柴油货车	56	
	监督检查	18		技术研发	9		排放检验	55	
	举报	16		监督管理	9		柴油货车污染治理攻坚战	53	
	移动源污染防治	15		执法检查	9		多式联运	52	
	油气回收治理	15		举报	9		铁路专用线建设	52	
	发动机排放标准	15		—	—		监督抽测	52	
	非道路移动机械	15					清洁油品行动	52	
后10位	船舶污染	11	8.4	油品质量升级	7	7	供售电机组	30	16.8
	技术研发	11		移动源污染防治	7		船舶污染	25	
	发展城市公共交通	11		移动污染源排放标准	7		机动车排放标准	23	
	机动车保有量	10		非道路移动机械	7		清除黑加油站点	23	
	老旧车辆	8		排放检验	7		用油标准拌机	23	
	排放检验	7		机动车保有量	7		机动车保有量	10	
	报告移除	7		机动车排放标准	7		发展城市公共交通	10	
	企业自查	7		绿色出行	7		黄标车淘汰	10	
	监督抽查	7		—	—		船舶结构调整	9	
	高排放车辆	5					公转铁	5	

附表2d 用地结构调整政策分阶段度数中心性

	第一阶段关键词	度数中心性	平均度	第二阶段关键词	度数中心性	平均度	第三阶段关键词	度数中心性	平均度	第四阶段关键词	度数中心性	平均度
前10位	考核	24		监管	31		排查	39		秸秆综合利用	49	
	处罚	21		考核	31		监管	39		考核	49	
	监管	20		关闭	30		关闭	39		责任追究	49	
	关闭	20		验收	30		在线监测	39		监管	48	
	秸秆综合利用	20	19.0	处罚	30	29.5	考核	39	38.5	关闭	48	48.2
	验收	19		在线监测	29		处罚	39		面源污染治理	48	
	秸秆禁烧	18		工地扬尘	29		面源污染治理	38		秸秆禁烧	48	
	责任追究	17		秸秆综合利用	29		秸秆综合利用	38		巡查	48	
	在线监测	16		秸秆禁烧	28		责任追究	38		督察	48	
	防风固沙	15		责任追究	28		视频监控	37		排查	47	
后10位	建筑扬尘	12		科普宣传	19		扬尘管控	28		降尘考核	37	
	巡查	12		视频监控	18		露天矿山	27		退工还林还草	35	
	督察	11		秸秆综合利用	18		扬尘控制责任	25		扬尘排污费	35	
	排查	10		建筑扬尘	18		化肥利用率	24		秸秆能源化利用	34	
	废弃物利用	9	8.3	防风固沙	18	15.5	审理	22	18.8	宣传培训	33	27.8
	绿色施工	7		秸秆综合利用	17		网格化监管	21		秸秆综合利用规划	29	
	化肥利用率	7		露天矿山	16		氨排放总量控制	15		巡查监测	29	
	秸秆综合利用	6		绿色施工	15		面源污染排放总量控制	13		面源污染治理攻坚战	26	
	科普宣传	5		审理	9		专项巡查	10		扬尘抑制	11	
	扬尘综合治理	4		秸秆能源化利用	7		扬尘抑制	3		秸秆发电补贴	9	

附表3　我国中央、地方"四大结构调整"政策度数中心性分析结果（前10位、后10位）

调整政策/政策分类	中央政策 前10位关键词	度数中心性	中央政策 后10位关键词	度数中心性	地方政策 前10位关键词	度数中心性	地方政策 后10位关键词	度数中心性
产业结构	监测	67	限期达标	45	监测	68	产业淘汰标准	63
	监督	67	绿色债券	41	公众参与	68	无组织排放管控	62
	预警	67	舆论引导	33	监督	68	价格优惠政策	61
	审批	67	整改提升	31	融资	68	产业技术水平	60
	检查	67	三线一单	29	预警	68	整改提升	57
	违法	67	出口关税政策	25	升级改造	68	特许经营权	52
	考核	66	产业技术水平	24	审批	68	台账管理制度	38
	升级改造	65	特许经营权	20	考核	68	限期淘汰制度	37
	排查	65	行业绿色标准	19	通报	68	产业政策目录	30
	应急	65	产业审批目录	17	违法	68	融资审核	12
能源结构	清洁能源	57	可再生能源电价附加标准	26	清洁能源	60	建筑节能减排	35
	煤炭	56	建筑节能减排	26	新能源	60	低硫煤	34
	监督管理	56	建筑节能效	26	举报	60	天然气供销售	32
	新能源	55	天然气发电	21	煤炭	60	天然气价格形成机制	31
	集中供热	54	散煤质量标准	17	监督管理	60	节能环保型炉灶	31
	专项资金	53	优化煤炭使用方式	17	评估	60	能源科技投入	23
	排查	51	洁净煤技术	17	高污染燃料	60	生物质能供热	23
	信息公开	51	节能环保型炉灶	17	审查	60	优化煤炭使用方式	21
	绿色建筑	51	清洁取暖规划	16	煤改气	60	洗精煤	19
	超低排放	51	清洁取暖工程	7	专项资金	59	排污系数测算	2

续表

调整分类	中央政策 前10位关键词	度数中心性	中央政策 后10位关键词	度数中心性	地方政策 前10位关键词	度数中心性	地方政策 后10位关键词	度数中心性
运输结构	非道路移动机械	56	黄标车淘汰	16	新能源汽车	50	用油标准补轨	14
	排放检验	55	监督抽查	15	非道路移动机械	49	环保信用管理	13
	船舶排放控制	52	发动机排放标准	13	柴油货车	46	清洁运输行动	12
	柴油货车	51	发展城市公共交通	13	淘汰老旧车	46	达标监管	7
	监督抽测	49	机动车保有量	13	多式联运	45	市场化运作机制	7
	柴油货车污染治理攻坚战	48	移动污染源排放标准	7	铁路运输	45	发动机排放标准	6
	国六排放标准	47	船舶结构调整	7	排放检验	45	淘汰报废	6
	公路运输	46	报告核查	7	信息公开	45	船舶结构调整	5
	路检路查	45	企业自查	7	公路运输	44	供售电机制	4
	铁路运输	44	公转铁	5	移动源污染防治	43	淘汰更新补贴政策	2
用地结构	秸秆综合利用	49	建筑扬尘	15	排查	48	施工工地管理清单	40
	监管	47	秸秆综合利用项目	14	监管	48	防风固沙绿化工程	39
	考核	47	面源污染物排放总量控制	13	关闭	48	秸秆能源化利用	39
	面源污染治理	44	扬尘排污费	13	在线监测	48	审理	39
	处罚	44	科普宣传	11	面源污染治理	48	扬尘排污费	39
	关闭	43	秸秆发电补贴	9	秸秆综合利用	48	宣传培训	38
	在线监测	42	巡查监测	9	验收	48	退耕还林还草	36
	巡查	42	宣传监督	6	考核	48	秸秆综合利用规划	33
	排查	41	秸秆综合利用规划	5	秸秆禁烧	48	巡查监测	28
	秸秆禁烧	41	扬尘抑制	5	责任追究	48	面源污染治理攻坚战	17

附表4　2018～2020年各省市"煤改电"和"煤改气"补贴情况
附表4a　2018～2020年各省市"煤改电"补贴情况

省份	城市	设备补贴			运行补贴	
		补贴比例	补贴电费/（元/千瓦时）	最高补贴额/（元/户）	最高补贴电量/千瓦时	最高补贴额/（元/户）
北京		85%	0.2	12 000	10 000	2 000
天津		67%	0.2	4 400	8 000	1 600
河北	邢台	85%	0.2	7 400	10 000	900
	廊坊	85%	0.2	7 400	10 000	2 000
	保定	85%	0.2	7 400	10 000	2 000
	唐山	85%	0.2	7 400	10 000	2 000
	邯郸	85%	0.12	7 400	10 000	1 200
	沧州	85%	0.2	7 400	10 000	1 000
	石家庄	85%	0.2	7 400	10 000	2 000
	衡水	85%	0.2	7 400	10 000	2 000
河南	鹤壁	50%	0.2	2 500	3 000	600
	安阳	60%	0.2	3 500	3 000	600
	开封	70%	0.3	2 000	3 000	900
	新乡	70%	0.2	3 500	2 100	420
	郑州	100%	0.2	3 500	3 000	600
	濮阳	70%	0	3 500	3 000	600
	焦作	0	0.4	4 500	2 500	1 000
山东	德州	0	0	4 000	0	1 000
	济宁	80%	0.2	5 000[1]		
	聊城	0	0	6 500	0	1 000
	淄博	0	0.2	5 700	0	1 200
	滨州	0	0.2	4 600	6 000	1 200
	济南	0	0.2	2 000	6 000	1 200
山西	晋城	0	0.2	0	12 000	2 400
	阳泉	0	0.1	2 500	10 000	1 000
	太原	88%	0.2	14 000	12 000	2 400

1）最高补贴额5000元/户，不区分设备补贴或运行补贴

附表4b 2018～2020年各省市"煤改气"补贴情况

省份	城市	设备补贴		运行补贴			管网补贴 /（元）
		补贴比例	最高补贴额 /（元/户）	气价补贴 /（元/米³）	最高补贴气量 /（立方米）	最高补贴额 /（元/户）	
北京		90%	7 200	1.2	2 000	2 300	9 000
天津			6 200	1.2	1 000	1 200	0
河北	邢台	70%	2 700	1	900	900	0
	廊坊	70%	2 700	1	1 200	1 200	4 000
	保定	70%	2 700	1	1 200	1 200	4 000
	唐山	70%	2 700	0.8	1 200	960	4 000
	邯郸	70%	2 700	0.8	1 200	960	2 600
	沧州		1 000	1	1 200	1 200	2 600
	石家庄	70%	2 700	1.4	1 200	1 680	2 900
	衡水	70%	2 700	1	1 200	1 200	2 600
河南	鹤壁	50%	2 500	1	600	600	0
	安阳	60%	3 500	1	600	600	0
	开封	70%	2 000	1	900	900	0
	新乡	70%	3 500	1	600	600	0
	郑州	100%	3 500	1	600	600	0
	濮阳	70%	3 500	0	0	0	0
	焦作		4 500	1	1 000	1 000	0
山东	德州		4 000	1	1 000	1 000	0
	济宁	80%	6 000	1	1 000	1 000	0
	聊城		5 000	1	1 000	1 000	0
	淄博		2 700	1	1 200	1 200	0
	滨州		5 000	1	1 200	1 200	3 000
	济南		2 000	1	1 200	1 200	0
山西	晋城		6 500			2 500	0
	阳泉		2 000	0.5	900	450	1 000
	太原		6 000	1.36	2 250	2 865	3 000
	长治		3 000			2 400	5 000